# 「你努力的样子真好看」

[女神养成手册]
谋生亦谋爱,又狠又温柔

景天——著

民主与建设出版社

图书在版编目（CIP）数据

你努力的样子真好看 / 景天著 . -- 北京：民主与建设出版社，2017.5
ISBN 978-7-5139-1520-5

Ⅰ . ①你… Ⅱ . ①景… Ⅲ . ①女性－成功心理－通俗读物 Ⅳ . ① B848.4-49

中国版本图书馆 CIP 数据核字 (2017) 第 100375 号

© 民主与建设出版社，2017

**你努力的样子真好看**
NINULIDEYANGZIZHENHAOKAN

| | |
|---|---|
| 出 版 人 | 许久文 |
| 作 者 | 景 天 |
| 责任编辑 | 刘树民 |
| 封面设计 | 门乃婷工作室 |
| 出版发行 | 民主与建设出版社有限责任公司 |
| 电 话 | （010）59417747 59419778 |
| 社 址 | 北京市海淀区西三环中路 10 号望海楼 E 座 7 层 |
| 邮 编 | 100142 |
| 印 刷 | 三河市华润印刷有限公司 |
| 版 次 | 2017 年 5 月第 1 版　2017 年 9 月第 2 次印刷 |
| 开 本 | 880 mm × 1230 mm　1/32 |
| 印 张 | 10 |
| 字 数 | 220 千字 |
| 书 号 | ISBN 978-7-5139-1520-5 |
| 定 价 | 36.00 元 |

注：如有印、装质量问题，请与出版社联系。

## 序言

**愿选择这条道路的你，**
**　永远不会放弃希望**

　　这是一个飞速变化的世界，也是一个令人不安的世界。移动互联网的普及和社交软件的泛滥，让我们更加清晰地看到人们的内心：似乎没有哪个时代的女性，像如今这般茫茫然不知所措。

　　有人拼命努力，发誓要在这颗不停转动的星球上站稳脚跟，不惜为此开启连续加班的工作模式，却在看过无数次凌晨一点的星空后,被聊天记录超过一百页的男神在微信里删除了。

有人用力去爱,在看脸的年纪里一心追寻真正的爱情,以此安抚自己不安的心跳,却在年华渐渐老去的时候,发现男神与另一个好看的姑娘过从甚密。她哭着追问为什么要这样对她,他冷着脸,说没有人想和一个没有追求的老姑娘过一辈子,连眉头都懒得皱一皱。

人生有无数种可能,我们当下所做出的选择却只能将我们带往一个终点。世界瞬息万变,生活对于女性的要求越来越多:要敢于为梦想拼命,生出三头六臂驰骋职场,比汉子还汉子;也要温柔地守护爱情,上得厅堂下得厨房,爱得了男神,防得了小三。

女性,到底该谋生,还是该谋爱?

叔本华说:"在这世上,除了极稀少的例外,我们其实只有两种选择,要么庸俗,要么孤独。"如果选择谋生或谋爱,只能让我们变得庸俗,尝遍孤独,那么,不妨鼓起勇气选择少有人走的那一条路——谋生亦谋爱,又狠又温柔。

因为平凡,所以更要努力谋生;因为普通,所以更加不想辜负爱情。

好姑娘要有大过天的欲望,理直气壮地赚很多很多钱,问心无愧地要很多很多爱。真正强大的姑娘,有着豁达而宽广的内心,坚强且不失温柔，一旦遇见真爱，百炼钢便可化为绕指柔。

我们要对自己狠一点，如此才能一天比一天更强大，即使一个人吃饭，一个人逛街，一个人看电影。只要一天成长一点点，总有一天，可以与男神比肩，毫不费力地站在他身边，和他一起看遍世间美好的风景，感受相同味道的微风拂过脸庞。

我们也要让自己的心始终柔软，即使已经与男神在一起，也要做最爱自己的那个人，把自己宠坏。你在职场混得风生水起，又打理得好一个小家，你配得上奢侈的护肤品和包包，也配得上身边的那个他。

我们无法预知未来，不知道明天与意外哪一个先来。但无论何时，我们都要做自己想做的事情，爱自己想爱的人，愉悦开怀地过好自己的日子，那些猝不及防的伤害来便来了，没有什么大不了。我们选择了一条不同寻常的路，想要的比普通人多，理应承受更多的伤害与苦难。何况，这个世界没有例外，谁不是一边承受着铺天盖地的伤害，一边马不停蹄地成长？

谋生亦谋爱，看起来很难，但命运宽厚而美好，不同寻常的选择往往会引领我们走向一条更为丰富的人生道路，体验更加饱满的人生。这是一条漫长且艰辛的道路，愿选择这条道路的你永远不会放弃希望。因为，没有希望的人，虽生犹死。

奇迹不是努力的另一个名字，坚持才是。

我们要狠狠地走，也要温柔地坚持，永远生机勃勃，热泪盈眶。

景天
2017年写于北京

# 目 录

## 第一章 青春无法重来，人生路上谋生亦谋爱

不对自己狠的人，等来的只能是别人对她狠 //002
一切精致动人的美，都是被狠狠修理出来的 //007
爱情可遇而不可求，事业是长久的 //011
只有足够努力，才能离开不喜欢的圈子 //016
受伤又怎样？好姑娘会自愈 //020
谋生亦谋爱，方不负未来与现世 //024

## 第二章 咬牙坚持，俗世并没有好走的道路

在最黯淡的生活里，也要保持明媚的积极 //030
年轻时所受的苦难，都会成就丰盛的未来 //035
你的人生无限宽广，凭什么要给自己设限 //039
你要相信，一切美好都不会被埋没 //043
迷茫不可怕，可怕的是失去了斗志 //047
因为不自由，才更显出自由的可贵 //051

## 第三章 又狠又温柔，是一场独自的修行

狠，是自己给自己的"紧箍咒" //058

愿你手中始终有花，也愿你一路有花香相伴 //062

别担心，让你害怕的事情可能只是你的想象 //066

活成你自己，才不会患得患失 //070

不和别人比较，你就是你自己 //074

清理内心的垃圾，要恰逢其时 //078

沉淀，不让过去成为绕不开的情结 //082

## 第四章 世界如此聒噪，淡定方能快乐

懂事的姑娘容易憋成内伤 //088

有些不幸，是你强加给自己的 //092

用同样的标准要求自己，你是否做得到 //096

没有人有义务去懂你 //100

你过分赞美的样子并不好看 //104

果断地拒绝别人，是对自己的最大温柔 //108

坚强使你成为你喜欢的样子 //112

世界如此聒噪，淡定方能快乐 //116

## 第五章　安全感只能自己挣，别人给不了

只有成长，才会给我们安全感 //120

压力再大，也请守护内心的平静 //125

你总得为自己花点钱，才能卸下日常的武装 //130

不读书不足以让你了解人生 //134

你的经济后盾不是男人，而是强制储蓄 //137

## 第六章　不要亏待每一份热情，不要讨好任何冷漠

不必争奇斗艳，你本来的样子就很美 //142

体面地倔强让你获得应得的尊重 //147

没有收拾残局的能力，就别放纵善变的情绪 //151

记住，随性自然与没有教养是两回事 //155

和父母聊天，是一件美好的事情 //159

爱你的闺密，像你们刚相识那样 //163

如果你喜欢乖，就开心地做一只乖刺猬吧 //167

在不那么美好的世界里，美好地活下去 //171

## 第七章　谋爱之前，要了解爱

你那么好，为什么没有人爱 //178
爱要大声说出来 //183
成年人的猜忌，像小孩在纸上画的圆圈 //187
家是牢狱，却让人心甘情愿将自己囚禁 //192
即使深陷爱情，也要保持独立思考的能力 //197
有爆发才会有平静，发脾气不是可耻的事情 //202
相忘于江湖，并不是迫于无奈的选择 //208

## 第八章　别抱怨命运，你的幸福握在自己手里

最好的爱情，是各自舒服地做自己 //212
深情不如久伴，厚爱不及长情 //216
给他付出的机会，成全爱情的完整 //221
即便在热恋期间，也要和男神保持"安全距离" //226
性与不性，你的身体你做主 //230
可以冷处理，但不要刻薄了爱情 //234
我们从孤独中来，从欣赏中离开 //240
你的幸福，不该与他人捆绑在一起 //244
放下过去，才有选择重新开始的资格 //247

## 第九章　世界那么大，你的道路宽广无涯

世界广阔，不一定要走寻常路 //252

给自己一点勇气，去面对真相 //255

负能量是与生俱来的黑暗物质 //259

愿你的偏执都可寻根溯源 //263

你本身已经是美丽的蝶，要蜕变成攻防合一的武器 //267

与世界一样好看，是你最该去做的事情 //271

## 第十章　愿你走过的曲折，都会变成彩虹

人生该有的弯路，你一步也少走不了 //276

除了你自己，没有人能打击你 //280

人生那么长，谁没被挫折绊过脚 //284

你真的喜欢朝九晚五的稳定工作吗？//288

内心丰富，才能摆脱生活的重复 //292

自信，是提升自己的捷径 //295

有能力爱自己，有余力爱别人 //299

## 后记　　//303

你努力的样子真好看！
愿你忠于自己，活得洒脱不委屈；
愿你对自己狠一点，回首往事不后悔！
谋生亦谋爱，又狠又温柔。

# 第一章

## 青春无法重来,人生路上谋生亦谋爱

愿你不负青春、不负人生,有足够大的勇气狠狠美丽,也有足够长的时光温柔绽放,强韧地谋生,遇见蓬勃的自己。

## 不对自己狠的人，等来的只能是别人对她狠

早年，剧评人"燕京散人"曾这般评价过一位女子，他说她生得一副好嗓子，最难得的是没有雌音，这在千千万万人里是难得一见的，在女须生地界，不敢说后无来者，至少可说是前无古人。这位女子，便是"坤伶老生"孟小冬。

那一年，她离开上海的十里洋场，来到寒风凛凛的京津。

嗓宽韵厚，扮相俊美，台风潇洒，孟小冬名满京城，一炮而红是注定的事情。很快，她遇到了命中注定的爱情。在北平财政总长王克敏生日堂会上，她扮演微服私巡的正德皇帝，梅兰芳扮演天真无邪的李凤姐，须生之皇与旦角之王珠联璧合，不但赢得了满堂叫好，还令二人暗生情愫。

当时，孟小冬满心少女情怀，放弃了在京的演出，与梅兰芳住在北平城东四牌楼九条。她对他极尽温柔，像所有深陷爱情的初恋少女一样。事实上，她只是梅兰芳的侧室。在她之前，梅兰芳已有两房妻室，分别是身染重疾的王明华与被誉为"天桥梅兰芳"的福芝芳。然而，选择了爱情的孟小冬已顾不得那么许多了。

是的，这份爱情被她视如珍宝，在她看来，这是值得她用全部的力气去守护的事情。如果不是后来发生的事情令她寒心至极，她在舞台上所散发的光芒大约会就此暗淡下去。

梅兰芳嗣母去世的时候，孟小冬离开她与梅郎租住的小屋，披麻戴孝来到梅宅，一心想要为婆婆尽孝，却被下人拦住，不许她进门。当时福芝芳有孕在身，放出话说若孟小冬进门，她就自尽。这是一尸两命的大事，梅兰芳选择了与众人一起劝孟小冬离开，这态度令孟小冬幡然醒悟，决然与梅兰芳分手。

她在《大公报》头版刊发启事："冬当时年岁幼稚，世故不熟，一切皆听介绍人主持。名定兼祧，尽人皆知。乃兰芳含糊其事，于其母去世之日，不能实践前言，致名分顿失保障，毅然与兰芳脱离家庭关系。是我负人？抑或负我？世间自有公论，不待冬之赘言。"一连三日，她拒不接受上门求复合的梅兰芳，清清白白转身离开，自此，一生概未与之闲谈饮茶。

被爱情伤害过的孟小冬，痛定思痛，决计拜余叔岩为师。她成为他一生中唯一的女弟子，重新开始修习戏曲。在北方寒风凛凛的冬夜里，她清醒而自知，她要事业有成，也要爱情呵护，她发狠般地提升自己，让自己成为一个真正的、独立的个体，只有这样，她才有资格被心上人呵护。

再度复出，孟小冬不负苦修，以臻于完美的表演为自己赢来了"中国京剧首席女老生"的地位。同时，她的努力也引领着她，让她看清了生命中的良人——杜月笙。

或许有人说，孟小冬之于杜月笙，也只是个妾室，但当她在随杜月笙同赴香港前，轻轻地问她跟着去，算丫头还是算女朋友的时候，他坚定地与她补办了一场婚礼。尽管当时他们都已不再年轻，可只要孟小冬开口，他就一定会给。据说杜月笙去世前，他分配了自己的财产，留给孟小冬两万美元遗产，以保她一生无虞。就算是妾，杜月笙的情爱也是真实而妥帖的，他爱的，是孟小冬温柔的容貌，也是她那一副骄傲的铮铮铁骨。

"我要很多很多的爱。如果没有爱，那么就要很多很多的钱。"亦舒这句话，是女人看透情爱之后用心讲出来的通透话。对自己狠，是女子谋生的能力，也是女子谋爱的手段。如果不狠狠逼自己一把，我们永远是初恋中温柔浅淡、安于现状的女子，眼中与心上只有一个他，连生活也是以他为重心。殊不知，年轻，便当有天大地大的欲望，岂可被一个人、一座城困住前行的脚步与融在骨血里的骄傲？

电影《阿黛尔·雨果的故事》讲述了法国作家雨果的二女儿阿黛尔在美国内战期间，漂洋过海到加拿大寻找爱人的故事。阿黛尔几经辗转，终于找到爱人的时候，发现他已经移情别恋。她想尽办法去挽回这段已经逝去的感情，疯狂地为爱挥霍人生与生命。

没有钱生活,她就伸手问父亲要,就算当时父亲流亡在小岛上,希望阿黛尔回家,也没能让阿黛尔做出正确的选择。在她被爱情逼到穷途末路的时候,溺水身亡的姐姐常常出现在她眼前。

是的,她的精神已经错乱了。最终,阿黛尔只能在精神病院里,独自一个人离开人世。

多希望这只是一部电影,导演拍了一部"为爱背叛全世界"的反面故事,以此令女孩子们清醒对待爱情、克制愚昧的付出。

然而,这是一部传记片,根据真实事件改编。电影中的女主角真的是雨果的二女儿。人财两空,阿黛尔无疑令人同情,然而她的欲望太小,小到不足以对她狠起来,而不对自己狠的人,等来的,只能是别人对她狠。

没人阻止我们温柔,但在我们温柔的外表下,理当有一副被欲望支撑的铮铮傲骨。"自爱、沉稳,而后爱人。"亦舒说的话当真一点也不错,人欲并不是罪恶,想要同时见得爱情与事业是人之常情,正当青春的我们,就该像敢于做梦那样,胸怀天大地大的欲望。

只有在欲望的滋养下,我们才可以更加坚定地具备独立的品性与蓬勃成长的能力,爱一个人不是掏心掏肺,不是被抛弃后再去骂他狠心狗肺。被人抛弃的都不是重要的,人或物件皆是如此。

狠狠地努力,也不是简简单单说几句狠话而已,要勇敢地脱胎换骨，一如既往地追求真正想要的生活与爱情，在谋生亦谋爱的尘世路上孜孜以求，在痛苦与疲惫中让自己的骨头硬起来，散发出又狠又温柔的独特魅力，成为无可替代的那个人，再骄傲地收获许许多多的爱与许许多多的钱。

## 一切精致动人的美,都是被狠狠修理出来的

蔡康永用"艳丽"形容他的母亲,看到这个词的时候,我心里翻腾了一阵欢喜:蔡康永当真是个懂得说话之道的"搞怪才子",从他嘴里说出来的话总是充满了情趣。

当一位孩子提及母亲的时候,多是用"贤良""温厚"等形容女性品质的词语,擅长"一吟悲一事"的唐代现实主义诗人白居易亦以"辛勤三十日,母瘦雏渐肥"书写母亲的形象,好像尽力避免直接品评一位中年女子的容貌便是对女性极大的尊重一样。人言风华绝代太难得。然而,浸在平凡日常的喜怒哀乐里,几人能被时光打磨成气定神闲的珍珠?但珍珠是天然的馈赠,美,则是一种修炼。

你以为在盆中安静绽放的花朵生来就比别处的花朵美吗?当然不是,它的美既不是天生的,也不是一朝一夕培植而成的。在《花意人生》中,刘墉记录了一位盆景师傅的话:"瞧!这里原先是它的主干,我把它锯了,再把它从土里挖出来,塞进大花盆,硬是斜着放,强迫它枝子朝下,又在枝头来一刀,逼着它往横长。这样搞,也得七八年才成今天的样子。"

你看,这个世界上一切精致动人的美,都是被狠狠修理出来的。狠,是美丽生命应对这个无常世界的不二法则。盆栽师傅对植物狠,是出于对形式美学的追求;男人对自己狠,是出于对功名利禄的追求。女人生而爱美,在这个瞬息万变的移动互联网时代,时光被切割成无数碎片,折射出女性的多重身份——职场中,我们是踩着高跟鞋、以巾帼不让须眉之势昂首工作的office女强人;恋爱里,我们是修得了马桶、付得起饭票的独立女性;就算在婚姻里,我们也得是那个脱掉精制套装立马变身温柔母亲的全能辣妈……如果我们不努力让自己具备女性应有的魅力,便只能在时光的狠狠"蹂躏"下失去光芒,连同温柔绽放的资格,怨天尤人,惶惶终日。换句话说,只有当你足够好看的时候,才有机会让别人看到你动人的一面。

你有没有看过"辣妹"维多利亚·贝克汉姆的照片?不是网上满天飞的街拍照,是她努力健身的照片。照片里,她有一种肆意绽放的美好,透着一股将美丽融入骨血的任性,即使脱掉高跟鞋,她也一样可以很美丽,美到让人想不到她已经是四个孩子的母亲。如果不提到她的年纪,我们几乎已经忘了生于20世纪70年代的她,如今已经走在奔五的人生道路上。

为了管理好自己的身材，她每天的食物几乎只有草莓，在陪贝克汉姆参加欧锦赛期间依然如此。一位球员的妻子对此十分惊讶，称"简直难以置信"。在拒绝美食的同时，维多利亚也积极尝试各种健身项目，哑铃、瑜伽、跑步，无论哪种运动，她都可以持之以恒，坚持下来，即使在怀孕和坐月子期间，她也能找到适合的运动，从未间断。她像盆景师傅那样，狠狠地修剪着自己不够完美的枝丫，将美丽绽放在人们眼前。如果你羡慕她在小七7个月的时候就恢复了魔鬼身材，不妨问问自己有没有拒绝美食的诱惑。能够管住嘴巴的女人不一定会拥有成功的人生，但一定会拥有可以让人生更加美丽的意志力。

她在大部分同龄人读大学的时候就已走红全球，在女人最美的25岁嫁给了"全民男神"贝克汉姆，在40出头的年纪身价上涨到18亿，前不久，她还荣获了大英帝国官佐勋章。对，就是奥斯卡影帝"小雀斑"、金庸先生、贝克汉姆曾获得过的那枚含金量很高的勋章。人们都说她的人生开挂了，我说，维多利亚自己本身就是一朵由意志力催生的美丽花朵，她的人生在她的狠劲儿里如期盛放，没有人可以忽视她鲜艳夺目的色彩，就像小贝说过的那句话："即使维多利亚是个普通的售货女郎，我也会同样爱她。"

说起来，小贝也是有过绯闻的男人。那时，全世界的女粉丝都在等着看维多利亚的笑话，她没有说"只要回家就好"，也没有说"且行且珍惜",她只是表示一切都过去了,在收下价值100万英镑的粉色钻戒后,与小贝一起拍了一组性感写真来捍卫自己的爱情。她要成功的事业,也要幸福的家庭,也许她不懂足球,但她懂得"女人只有狠狠美丽,才能肆意绽放"的道理。

做一辈子的美人不是件容易的事情,毕竟,人生之困苦俯拾皆是:坎坷的事业、捉摸不定的爱情、遥远未知的未来……但是,女人如果不对自己狠一点,就算本身貌美如花,也会被时光摧毁成残花败叶。没有人愿意去呵护一朵惨白的花,比起男人,"狠"对于女人来说更加天经地义。女人如花,如果不狠狠拼着美丽一回,岂非践踏生命?

## 爱情可遇而不可求，事业是长久的

如果可以选择，相信每个人都想谋生亦谋爱，以体面的工作在这个浮躁的尘世中安身立命，以温暖的爱情在深夜的街角许自己一份安定的未来。但似乎从来没有哪个时代，女人比以往更加抗拒爱情。

年前，我在微博看到一份关于男女恋爱观的报告，其中有一个问题，要求参与调研的用户在爱情与事业之间选出更重要的那一个。大部分年轻人认为与爱情相比，事业更加重要，其中女性用户占比约为55%。遗憾的是，这个项目并没有继续就女性选择事业的原因展开调研。

我想，这或许与年轻女性群体对婚姻的心理安全感在逐渐降低不无关系。

"我会成为一位富有的老姑娘，只有穷困潦倒的老姑娘，才会成为大家的笑柄。"电影《爱玛》中的台词已经成为无数姑娘的金句。

的确，一份良好的事业可以确保女性经济独立，在经济独立的前提下，姑娘们可以自己赚钱买名牌包包、交房租，甚至付房子首付，一个人也可以过得很体面。但遗憾的是，看起来完全可以自给自足的现代女性对爱情的态度日渐理性，却仍然有许多人会因为爱情而迷失青春。

所谓理性，只是徒有其表、掩藏在理性下面的，是无数颗被爱情狠狠伤害过的心。时光是这个世界上最公平的存在，每一天，每一个人都公平地获得生命赐予自身的24个小时。年轻的时光太珍贵，我们不能把时间浪费在伤春悲秋上；时光的脚步一往无前，我们更要坚信，美好的未来总会到来，而遗忘，也是必然会发生的一件事情。

戴安娜王妃与查尔斯王子的婚姻开始于一场风风光光的世纪婚礼。婚礼上，坐在嘉宾席第六排的，是王子钟爱的女人卡米拉。

对待婚姻，卡米拉的态度非常明确，她曾拒绝查尔斯王子的求婚，她说："我嫁给你的那一日，便是我们之间爱情的忌日。"与精明的卡米拉相比，当时的戴安娜王妃显然有一种年轻女性特有的单纯。

说起来，戴安娜并不像她的儿媳凯特王妃一样完全出身于平民。斯潘塞家族早在15世纪便跻身英国贵族，与英国王室有着密切的关系。因此，戴安娜有机会出入白金汉宫、肯辛顿宫和威斯敏斯特宫。查尔斯对她的第一印象是："这个16岁的小姑娘活泼有趣，怪招人爱的。"单纯、平凡、乖巧，身材微胖并且有些不自信，无疑，她是他需要的王妃，也仅仅是需要而已。

成长在单亲家庭中的戴安娜，对爱有着异于常人的渴望。查尔斯王子的需求，使戴安娜真的以为灰姑娘的爱情故事在她身上上演了。但这份婚姻并没有让她得到幸福，因为卡米拉的存在，戴安娜异常痛苦。她以为是自己不够优秀，为了得到爱情，她努力减肥，尽力学习王室礼仪，让自己变得时髦而优雅。可是，爱情是一场青春的豪赌，优秀，固然可以吸引男人的目光，但爱情也是可遇而不可求的事情，能否赢得男人的爱，从来不是优秀与否能够左右的。她做了足够多的努力，甚至不惜伤害自己的身体，先后五次自杀未遂，仍然不能求得爱情。

爱情让她备感孤独。她需要长久的安全感，也敢于给予长久的爱。如果努力能够换来长久，那么长久的，一定是可以被自己牢牢掌控的事业。在经历一次次的失望后，戴安娜终于明白"唯有事业才不会背叛努力"的道理。她走进群众，投身于慈善事业，热情地拥抱麻风患者、受性虐待者和艾滋病人，"国际反地雷运动"先后获得60多个国家、上千个团体的加入，也离不开她的支持。

慈善事业给予了戴安娜巨大的力量，人们见证着她从一个土气的丑小鸭蜕变成优雅高贵的白天鹅。她善良、勇敢、独立，倔强而体面地用事业赋予自己长久的安全感。她让我们看到，就算得不到爱情，女性也可以因为拥有一份事业而好好地活下去。或许"王妃"是她一生都逃不开的枷锁，但她已经凭借自己的力量，走出了爱情的迷途。

美国前"第一夫人"艾莉诺·罗斯福说："一个人阐释人生观的最佳方式不是语言，而是他做出的选择。天长日久，我们刻画着命运，也刻画着我们自己，终其一生，直至死亡。"

做出什么样的选择，就有什么样的人生，女人最幸福的一生是事业不断攀升的一生。爱情可遇而不可求，我们可能遇见王子，但并不一定被王子爱上，而一份良好的事业则可以让我们摆脱贫穷。

奥地利作家茨威格说贫穷的气味是不好闻的，就像一间位于楼房底层、门窗通向狭窄不通风的天井的房间，就像不经常换洗的衣服那样，一定会散发出污浊难闻的气味。你自己老是嗅到它，就好像你自身就是一摊臭水。贫穷是爱情的冷空气，是婚姻里猝不及防的风霜雨雪。在久远的过去，贫穷是衣衫褴褛、食不果腹；现在，贫穷是我们没有很多钱去支付为爱情遮风挡雨的体面居所。

马斯洛将人类的需求分为五个层次，由低到高分别为生理需求、安全需求、归属与爱的需求、尊重需求，以及自我实现的需求。他认为只有当低层次的需求获得满足时，人类才有可能去追求更高层次的需求。这说明，人类的生理机制决定了人们在谋生与谋爱之间，会优先选择谋生。当一个人困顿于贫穷的境地时，是没有余力去谋求爱情的。

　　我见过很多优秀的姑娘，她们都有成功而长久的事业，天冷的时候，她们为自己添衣；肚子饿的时候，她们为自己煮面。如果爱情来敲门，她们只需要轻轻把心门打开，将心爱的他迎进屋来，看起来一切都是信手拈来、毫不费力。她们无法左右爱情，但也不会迁就任何人，更不会翘首企盼男人偶尔的陪伴。

　　你来，我在，若有爱情，便是锦上添花、开怀痛快；你走，我不送，一个人也可以生活得足够好。

## 只有足够努力,才能离开不喜欢的圈子

据说,能被称为女神的,都是努力谋生的女子。而谈到谋生,便绕不开一个老生常谈的话题——"混圈子"。

物以类聚,人以群分。不论在职场里,还是在生活中,圈子无处不在。律师的朋友大多是律师,老师的朋友大多是老师,老板的朋友大多是老板,明星的朋友大多是明星,富豪的朋友大多也还是富豪,正是这些形形色色的圈子,构成了现代社会的江湖。

近朱者赤,近墨者黑,有人说,你喜欢怎样的生活,就该加入怎样的圈子。这话不假,如果我们想要跑步,最好加入到跑步的小圈子;如果你想成为老师,最好考到师范学校,加入"预备教师"的小圈子。在圈子里,我们常常会在不知不觉中受到同类的影响,从而有助于我们完成目标,正如犹太经典《塔木德》中的那句话:"和狼生活在一起,你只能学会嚎叫;和那些优秀的人接触,你就会受到良好的影响,耳濡目染、潜移默化,成为一名优秀的人。"

但《塔木德》没有告诉我们，究竟要怎样做才可以离开不喜欢的圈子。

混圈子，讲究的是能力上的对等。圈子的存在，可以让我们在短时间内最大限度地拓展人脉，结交到想要认识的人。可混圈子这件事情，也足够让我们憋屈——每一个圈子里，似乎都存在着一些让我们不痛快的事情，姑且不提娱乐圈三天两头的出轨事件，就是我们所在的职场圈子，也不乏三五成群、背后叽叽喳喳搞小动作的人。这些蝇营狗苟的事情，让我们在依赖圈子的同时，也无比讨厌着圈子。我们无数次想要脱身，却又沮丧地发现，离开圈子，便是亲手推翻自己这些年辛辛苦苦建立起来的人脉关系，甚至可能连喝下午茶这种事情，都要自己一个人去做……这些假设让我们只能继续置身在不喜欢的圈子里，无可奈何地叹息。

但也有一些人，已经远离了圈子，并且生活得自得其乐。

韩红在一次采访中明确表态，说她最不愿意把时间花费在所谓的"混圈子"上面："人际交往、关系应酬，很讨厌。我最愿意花时间在喝茶、看书、写书法或者跟朋友聊天上面。"

我们可以选择融入到某个圈子去拓展人脉，也可以选择离开某个不喜欢的圈子，离开的前提是我们要足够努力，提升自己某一方面的能力。

百度收录的"韩红"词条中，对她的身份做了如下概括：全国政协委员，华录百纳娱乐公司董事长兼CEO、词曲作家、音乐制作人、慈善家、导演、主持人，"有宠集团"联合创始人执行董事，先后毕业于中国音乐学院、解放军艺术学院、中共中央党校研究生院。看了她的这些身份标签，或许我们可以找到一个坦然离开圈子的途径——当我们变得无比强大之后，才有机会选择离开不喜欢的圈子，用自己喜欢的方式生活。

那时，就算我们不去混圈子，也一样可以拥有喜欢谁就和谁在一起的生活想要的未来。

我们都曾羡慕过别人简单而精致的生活，也曾羡慕别人的朋友。为什么别人的生活，没有那么多杂七杂八的事情？为什么他的朋友都是热情开朗、不会在背后嚼舌根的人？

可是，除了羡慕，你有没有为离开不喜欢的圈子而努力过？你要知道，任何关系的存在，都是存在交换与成本的，你不努力，何谈离开？何来叹息？或许，足够强大是一段未知而遥远的路，但生而为人，无分贵贱，当我们的能力不足以脱离某个圈子而在社会中单打独斗的时候，要么望洋兴叹，要么就付出足够多的努力提升自己的能力。如果可以，再结交几个志同道合能够一起拼搏的朋友——是朋友，不是圈友。在我们无法脱离圈子里形形色色的人之前，我们依然有与喜欢的人做朋友的权利，聊得来的圈友也可以成为我们的朋友。哪怕每天努力一点点，总有一天我们会不费力地离开每一个我们不喜欢的地方，然后与朋友一起奋力为明天拼搏。

朋友圈有一句很时尚的话："和什么样的人在一起，就会拥有什么样的人生。和勤奋的人在一起，你不会懒惰；和积极的人在一起，你不会消沉；与智者同行，你会与众不同；与高人为伍，你能登上巅峰。"

朋友决定不了圈子的广度，圈子也决定不了人生的宽度。离开不喜欢的圈子，才能获得更多的乐趣与自由。说起来，其实我们什么都不缺，我们缺少的，只是足够多的努力。

## 受伤又怎样？好姑娘会自愈

有人说，没有经历过深夜痛哭的人，不足以谈人生。这句话说得好，眼泪从来只属于深夜。

什么是好姑娘？锐意进取是好姑娘、贤良优雅是好姑娘……形容好姑娘的词语千千万万，可是，姑娘们从来不会因为做到了其中一点，而得到一生不被伤害的特权。真正的好姑娘，是能够在伤痛中自愈的姑娘。或许天真与世故不能同时存在一个人的身上，但自愈力强的姑娘，让我看到了伤疤与美丽存于一身的美好。

她出身于名门世家，祖父为官，父亲行医，二哥是哲学家、政治活动家，民社党创立者，四哥是中国银行总裁。她叫张幼仪，是徐志摩的原配妻子。

她贤良优雅。13岁订婚，15岁嫁人，八年婚姻里，徐志摩履行了婚姻的基本义务——传承后代。真的只是履行义务而已，在他们婚姻存续期间,他连话都没有和她好好说过几次,甚至不止一次讽刺她为"乡下土包子"。她——忍下,像一株冬日里的忍冬草,以痛苦滋养灵魂。直到他拿着离婚协议书逼她签字,她依然保持着优雅的姿态。那时,她就懂得"能自己扛就别矫情"的道理,谁都知道,姑娘幽怨的样子不好看。受伤又怎样?谁不是一边舔着伤口,一边学着独立?

锐意进取是婚后的事了。她远渡重洋,在柏林裴斯塔洛齐学院学习幼儿教育学,具备了成为幼师的资历。回国后,她帮助徐志摩的父亲徐申如理财,先后担任上海女子商业储蓄银行副总裁、云裳时装公司总经理。工作日里,她在银行工作到5点,然后补习一个小时的国文课程,6点准时出现在云裳时装公司,负责财务工作。她既有经商的手腕,也有理财的头脑,不但在股市里赚了不少钱,炒过棉花和黄金也是稳赚不赔。即使是曾经抛弃她的徐志摩,也对她刮目相看,说她"是个有志气有胆量的女子……她现在可真是'什么都不怕'"。

怎么可能不怕呢?不过是被他逼到了没有退路的境地,除了自己治好自己的伤,别无选择而已。与其难看到自怨自艾、向周围的人大吐苦水,倒不如挺胸抬头、锐意进取,让当初伤害自己的人看到自己美丽盛放的样子。自愈后的她也被自己惊艳到了,她说:"我要为离婚感谢徐志摩。若不是离婚,我可能永远都没办法找到我自己,也没办法成长。他使我得到了解脱,变成另一个人。"

　　《金枝》说紫罗兰、秋牡丹与玫瑰的颜色，都是自己流出的血。所以我想，若以花朵喻张幼仪，必得是开得极鲜艳的红色花朵才好。

　　几乎每一个人都怀念那段一去不复返的童年时光。在那段时光里，我们还不懂得许多人生与爱情的道理，但我们每天都很快乐，虽然那时我们还不会写"快乐"这两个字。是的，那是一段不需要为生存烦恼，也不需要为爱情忧愁的好时光，需要努力的事情不过是追逐打闹找到藏起来的小伙伴而已。直到我们稍稍长大一点，开始面对漫长而悠远的人生时，才渐渐有了烦恼。有了烦恼，便有了伤痛——伤痛，是成长的必经之路，没有人躲得开，也没有人逃得掉。

　　眼下，我们终于成长到了一个想要谋爱，也想要谋生的年纪。在充满竞争力的职场中，由失败与挫折带来的痛苦是不可避免的。我们的自愈力越强，才越有可能在最快的时间里调整好状态，接近成功。不论是谋生，还是谋爱，伤痛本身并不可怕，可怕的是受到伤害之后无法自愈，从此一蹶不振。我们的自愈力越强，才越有可能接近想要的幸福。父母含辛茹苦地呵护我们长大，不是为了看到我们在伤痛面前败下阵来。成长，没有退路，把泪水留给夜晚，太阳底下不爬起来继续拼搏，岂非辜负了美好的日光？

姑娘，别怕，成长的路上，我们都曾被伤痛折磨得头破血流。我知道你很疼，可是当你走过伤痛，就会在镜子中看到一个更加惊艳的自己——那是一朵鲜艳夺目的红色花朵，具有一种让当初所有伤害过你的人，对你刮目相看的强大魅力。

## 谋生亦谋爱,方不负未来与现世

心有多大,未来就有多明亮,唯有谋生亦谋爱,方不负岁月静好的未来,与安稳无虞的现世。

电影《一代宗师》里,宫二(章子怡饰演)离开叶问(梁朝伟饰演)前,对他说了一段意味深长的话。她说:"想想,说人生无悔,都是赌气的话。人生若无悔,那该多无趣啊。我心里有过你,可我也只能到喜欢为止了。"因着这段话,影迷们反复猜度着宫二与叶问之间婉转起伏又若隐若现的感情踪迹。

宫二对叶问的深情不容置疑,这个前提决定了这段感情的结局逃不出以下两种形式:一种是两人相爱过;一种是叶问并不曾爱过宫二,或者说他没有那么喜欢宫二。

那是一个时局动荡的年代,一个个鲜活的理想串联起漫长的时光,浩浩荡荡地承转开阖,又碾碎了无数人的爱恨情仇。宫二是《一代宗师》的主角,也是涌动在那个时代的一个小小的个体。

说起来，她当得上奇女子。她一生中做了两件事情：为父亲报仇，爱叶问。为父亲报仇，是为了硬硬朗朗地活下去；爱叶问，则是为了坦坦荡荡地面对自己的感情。她足够努力，但她恰恰败在太用心——她的心不大，全用在为父亲报仇这件事情上了。想来，叶问并不是没有对她动过心，以她的聪明，只要稍稍留心，就能看到叶问动心的痕迹，然而当时的她，显然并不想，也不能一心二用。

道理我们都懂，可是当我们看到宫二离开前，对叶问说出那段话时，心还是会狠狠地缩成一团。这段话在我看来，与其说是宫二讲给叶问听，不如说是一个迟暮女子说给自己听的话。她一生辗转漂泊，为父报仇之后，蓦然发现年华老去，想来心里不免遗憾，人生缺失了爱情所独有的温柔颜色。

我想，坚毅果敢如她，就算叶问开口挽留，大概也是不会留下来的。错过了，就是错过了，再无岁月可回头，且无深情可白首。她只想用一段体面的话给自己一个交代，让自己有勇气在余下的时光里，去苟读谋生的青春与荒芜的爱情。

爱情稀缺，理想可贵。我们的心不大，但也足够同时容纳谋生与谋爱两件事情。当我们心中有爱，也有了理想的时候，就会把未来看得更加清楚，从而更加自觉地去做好每一件我们应当做好的事情。

人们都说凯特王妃是全世界观众缘最好的幸运儿，她出身于中产家庭，父亲是邮购商人，母亲是前空中乘务员。在她成长的履历里，我们不难发现在她的心中，梦想与爱情始终以水乳交融的姿态同时存在，并以绽放的姿态充盈着她的心灵。

她性格开朗，爱好广泛，擅长网球、游泳、跑步等运动，是学校的曲棍球队队长，还是探险的发烧友，人们都喜欢与她相处。她的老师说，在我们学校，你绝对不可能听到一句关于她的坏话。她的每一科成绩都很好，绝对是我们学校的特优生。她像一株向日葵一样，蓬勃向阳吸收能量，努力让自己变得更好，也努力呵护着一份美好的爱情。

在凯特王妃与威廉王子长达八年的恋爱时光中，威廉王子曾几次传出绯闻，面对各路媒体的追问，凯特王妃不纠结不慌张，不抱怨也不解释，给彼此留下了足够的余地可转圜。这样的女人，如何令人甘心舍弃？与她携手就可以拥有一个与众不同的美好世界。

就连最终可以嫁给心上人、成为真正意义上的平民王妃，也是她为自己谋得的。正式嫁给威廉王子前，她清清楚楚地知道，自己要面对的不只是整个温莎王朝，还有英国民众与全世界的媒体。她不动声色地为自己一点点"加分"，常常去探望卡米拉，与她成为忘年交，顺利获得了查尔斯的接纳与认同。当她接受邀请，以女友的身份参加威廉王子在皇家军事学院的毕业典礼时，她以出色的时尚品位为自己着装打扮，盛装之下的她与女王一同成为全场最受瞩目的女性。她用实力证明了人们对她的认可,这份认可是建立在平等的基础上,不需要她做出谦卑的姿态。她就是她,从一开始就清楚地知道自己想要温暖的爱情,也想要自由的事业,并且一路为之努力,最终收获了皆大欢喜的结局。

谋生亦谋爱,是一条布满荆棘且孤独的道路。或许这一路,我们要如英雄一般狠狠挥舞刀剑披荆斩棘,又要以温柔滋养疲惫的身心,使刚毅坚硬的内心为温柔的外表所覆盖、所包裹,才可以闪闪发光。

# 第二章

## 咬牙坚持,俗世并没有好走的道路

我们想在最黯淡的生活里,保持明媚的积极;
也想在最迷惘的道路上,走向明亮的灯塔。
谁不是咬着牙坚持,
才终于在一个明媚的春日,看到梦想中的风景。

## 在最黯淡的生活里,也要保持明媚的积极

有个残酷却又公平的法则,叫作 80/20 法则。

它不动声色地告诉人们,这个世界上 80% 的社会财富掌握在 20% 的人手里,一针见血地揭示了财富在社会中是以不平等的方式分配;又鼓励人们,80% 的努力只能达成 20% 的目标,越是坚持不懈地努力奋斗,就越接近想要谋得的一切——正如主导社会的是 20% 的精英。决定我们能否成功的关键,在于我们是否肯咬牙坚持和以 100% 的努力不断拼搏。

我知道,这很辛苦。

我们都做过同样的事情:在不得不彻夜加班的夜晚,一边对着电脑屏幕打哈欠,一边羡慕别人丰衣足食的生活;在折扣大卖场与许多人一同抢购超值商品,一边在一眼看不到头的人群中排队等待结账,一边羡慕别人不需要看价签就能买下自己喜欢的东西……

  那些被我们羡慕的"别人"拥有世界上最多的财富，她们不需要很努力就可以令人羡慕，住豪宅、开跑车，举手投足间尽显贵族风范，仿佛幸运到开挂，一举一动都备受瞩目，倘若她们十分努力，不但可以拥有足以传世的事业，还可以拥有幸福美满的家庭。

  可是，身在俗世，每一条路都布满荆棘，即使是世界上最幸运的人，如果她们没有努力奋斗，依然会被荆棘伤害得遍体鳞伤。

  无论家世还是才情，陆小曼并不比林徽因逊色。她读书写文，画得一手漂亮的好画，但她与林徽因的人生结局却是完全不同的走向。

  陆小曼的父亲陆定，早年留学日本早稻田大学，师从日本首相伊藤博文，回国后担任财务部司长和赋税司长职务，是中华储蓄银行的创办人之一；母亲吴曼华亦出身名门。

  在良好家世的庇佑下，陆小曼没有谋求一份稳定职业的诉求。19岁那年，她遵从父母的安排，嫁给了王赓。王赓是艾森豪威尔的同学，年少有为，且升职有道，确是一个好的丈夫人选。然而直到婚后，陆小曼才恍然明白过来，婚姻在给予一个女子庇护的同时，也剥夺了女性自由恋爱的权利。自小没有受过任何挫折的陆小曼，理所当然地选择了自由。她在婚内与徐志摩爱得火热，很快便与王赓离婚，嫁给了徐志摩。

你看，即便陆小曼为了同徐志摩在一起，不惜大费周章，但她依旧是令人羡慕的那个群体——她与深爱的男人朝夕相伴，吃穿用度俱无须费神操劳。

同时，徐志摩从未放弃成为她精神维度上的领航人。

他心心念念想要陆小曼成为与自己并肩同行的人，像梁思成与林徽因并肩携手一同研究古建筑一样。他是一心热爱文字的诗人，并无其他所长，遂哄着陆小曼一起创作。但陆小曼从未让他如愿。

他出版诗集，希望陆小曼写几句话作序，她写得头痛。

他为她请来山水画家贺天健为师，每课学费八十大洋，她却游戏笔墨，不甚上心。

……

陆小曼热衷的，是风风光光的交际舞会。徐志摩为了满足她对奢华生活的种种需求，几乎把所有精力都用在赚钱上，为此疲于奔命，最终丧生在飞往北平的飞机上。失去了庇佑她的男人，陆小曼的生活自此发生了令她难以接受的逆转，在没有事业可以依托的余生中，她像变了一个人，40余岁时，身子已骨瘦如柴，牙齿全部脱落。

1965年，陆小曼在上海东华医院去世，唯一的遗愿是与徐志摩葬在一处。这个遗愿没能被满足。她耗尽了所有一切被人们羡慕的东西，一生没有子女，墓碑亦是由堂侄与侄女为她立的，简陋得让人想不到是陆小曼的墓。

纵观陆小曼的一生,她原本拥有许多令普通人羡慕不已的物质条件。她生活在一个富裕的家庭中,有寻常家的孩童难以企及的资源,幼年时玩耍的地方是外交部。遗憾的是,她浪费了捷足先登的幸运,始终没有为事业付出一点点的努力。

她的一生始终被他人所供养,先是父母,然后是丈夫。被供养,已经成为她的习惯,她的人生道路上没有明亮的灯塔,也没有为之努力的方向。

于是,人生尽头的惨境,如约而至。

无论谋生还是谋爱,没有人会走在一条平坦的道路上。那些被我们羡慕的人,如果不努力,结局可能会比我们更惨淡。努力这件事,众生皆平等,谁能拼尽全力为之坚持,谁就能让人生开花结果。所以,与其羡慕别人,不如努力让自己成为被羡慕的那一个。

学霸每天抱着高数题啃,资源丰富的人在读大学的时候往往是社团主力军……成功的背后是坚持不懈的努力,身在俗世,每个人与成功之间的距离都叫作坚持。如果有什么事情值得我们去做,就是努力把这件事情做好。一个人对自己坚持的事情有多执着,就能在谋求的道路上走得多宽、多远。

有人说"一切矫情和装逼、咆哮和压抑,都是源于很缺钱和很缺爱"。说起来,女人一生渴望的不过是事业有成、爱情圆满、夫唱妇随、儿孙绕膝。我们想在最黯淡的生活里，保持明媚的积极，也想在最迷惘的道路上，坚持走向明亮的灯塔。

　　与宇宙万物相比，人生短暂得让人想哭。在这短暂的一生中，唯有坚持努力、不断拼搏，方才不负被太阳温暖照射的美好春光。

## 年轻时所受的苦难，都会成就丰盛的未来

韩剧《继承者们》中有一句话，"欲达高峰，必忍其痛；欲戴王冠，必承其重"。

这话说得不够直白。想要站在高处感受普通人感受不到的美妙，就要忍受攀登高峰的痛苦，因为向上攀爬不是一蹴而就的事情；想要成为头戴王冠的王者，则要承受王冠带来的压力，因为地球的物质无一例外都具有独特的反作用力，王冠虽然贵重，但也足够沉重。

这话没有错，但一句话足以概括：拼搏的路上荆棘丛生，我们难免受伤。可我们年轻时所受的一切苦难，都会成就一个丰盛的未来。

对于努力实现梦想、攀登人生高峰的人来说，命运最残酷的刑罚莫过于身体上的残缺。身体的痛苦在没有达到一定峰值之前，并不会对人体造成致命的伤害。但身体的痛苦足以摧毁个体的精神，进而成为难以逃避的致命伤。许多人在这种深深扎根于身体的巨大痛苦里败下阵来，常年自怨自艾，一面埋怨命运不公，一面不肯给梦想增加一点热情的温度。

但也有许多人，就算被命运束缚，依然让生命在苦难中绽放。"独臂女孩"张超凡因在《中国诗词大会》中的出色表现被人们津津乐道，她虽然没有左边的臂膀，却在苦难中磨砺出一颗灿烂的"诗词心"。

同时，白茹云也获得了颇多赞誉。虽然身体健全，却不幸罹患淋巴癌。身体的痛苦与贫穷的环境并没有让她放弃自己。她一边攒钱治疗疾病，一边用诗词鼓励自己，努力在苦难中生存、成长。

比起张超凡多舛的命运，我们无疑幸运许多；比起白茹云困苦的生存环境，我们亦拥有丰厚的物质条件。如果我们所拥有的这些东西，注定要让我们以另一种隐而不宣的方式来承受与以往任何一个时代相比更为深重的压力，那么，咬牙坚持就好了——我们已经为了想要的明天付出了无数时光，不继续往高处攀爬，怎么能看到高山上的花开？不到生命尽头、不尝尽苦难，便不足以让生命绽放。

毛姆的小说《月亮和六便士》令无数读者泪流满面。一个太阳照常升起的日子，斯特里克兰德突然发现自己狂热地爱上了绘画，从此踏上攀登艺术高峰的道路。在追求艺术的路上，他舍弃了富足的生活与圆满的家庭，来到了南太平洋的塔西提岛。在这里，他一生与艺术相伴。

在小说中，我们不难发现高更的影子。我不知道毛姆是不是以高更为原型创作的《月亮和六便士》，但作为与凡·高比肩的画家，在他夺目耀眼的艺术成就背后，确实承受了许多少有人经历的苦难。

在走上艺术道路前，高更是流浪的水手，也是"星期天画家"。所谓"星期天画家"，是由一群热爱绘画的人组成的艺术组织。工作日里，他们从事各种不同的工作，到了星期天，他们便聚在一起进行创作，探讨艺术发展的无限可能。这种优渥而富有情趣的生活，一直持续到高更辞去工作。那一年，他意识到绘画对他的重要性，决心成为一个真正的画家。

高更的日子，从此时开始捉襟见肘。

为了获得足够的钱支持自己进行创作，高更先后做过推销员、海报张贴员和工地苦力等工作。几年后，他脱离了家庭，独自前往塔西提岛，孤独地行走在梦想途中。在岛上，苦难仍然接踵而至，高更的生活仍然贫困交加，连身体也不再健康。

但也正是在这份苦难中，高更进入了创作的高峰期。尽管在当时，这些画作还无人欣赏，可是，在苦难中开出的花朵往往带有一种诱人且致命的美，高更清楚地看到这份独特的美，不断进行着新的尝试，颜色对比强烈的色块拼接、埃及古老壁画的单线平涂手法……他的画作渐渐展现出一种返璞归真的生命力。

苦难并未终止。最心爱的女儿病逝几乎将高更击垮，在自杀未遂以后，他流浪到马克萨斯群岛。贫穷、病痛、孤独、无人赏识……直到高更病逝，苦难一直如影随形。

其间，他的双手从未停止作画。

今天，人们赞颂高更的艺术成就，将他与塞尚、凡·高并称为"法国印象主义三大画家"，他的象征性色彩与装饰性构图对西方绘画艺术产生了十分深远的影响。

人生，并不存在白白受苦的日子。不经历苦难，我们永远无法知道自己可以坚持到什么程度，也无法真正品尝到功成名就的喜悦。年轻时，我们所受的苦难，都是福气。我们还有许多可以选择的机会，也有许多失败的资本。不放弃追求、不怀疑未来，时间与年轻的我们一起奔跑，只要快马加鞭，总有一天我们可以纵情享受快意的人生。

那些在苦难面前临阵脱逃的人，年老之时，必然会为自己的软弱后悔。

这个世界上没有一条不存在苦难的道路，也没有一份让我们白白承受的苦难。不是成功来得慢，而是很多时候，我们在苦难来临时放弃得太快。在梦想的路上，我们可以被打倒，但不可以做逃跑的人。一切苦难都是梦想的肥料，只要忍痛坚持，终将浇灌出一份丰盛而美好的未来。

## 你的人生无限宽广，凭什么要给自己设限

你有没有摘过水果？

一节一节爬上梯子，一点一点克服心理对高处的恐惧，从树上摘到水果的那种满足感，美妙到无以复加。

美妙之后，还有美好。

摘完水果以后，我们通常会和家人或朋友在树下铺起餐布，各自将摘下的水果洗好放到果篮里，再取出事先准备好的食物，比如三明治啊、寿司啊，等等，一起坐着、一起享受阳光和美食，聊一聊生活中的小庆幸和小烦忧。

这时，如果我们细心观察，便不难发现一个规律：往往爬得越高的人，摘到的水果就越多。

是的，决定一个人可以摘到多少水果的，并不是采摘的速度，而是攀爬的高度。站得越高的人，竞争力就越小，从而可以摘到更多的水果。

这个现象很有趣。小时候，我们第一次爬上梯子，常常会被家人叮嘱"不要一下子爬得很高啊""小心啊"，仿佛往高处攀爬是一件折腾的事情，只有在安全范围内，大人们才会放心，但往往爬得最高、摘到最多水果的那个孩子，才是获得最多夸奖的一个："真勇敢！""真棒！"

若干年后，最先获得想要的一切的，大多也是幼时爬得最高的孩子，因为他们从一开始，就懂得"只有突破某种范围设定，才能收获更多果实"的道理。成年后，在多数人还忙着适应社会环境的时候，他们已经忙着去突破被社会环境所禁锢的那个自己，为自己设定了更大的目标，从而更加富有活力，具备了更顽强的进取心。成功，也便成了水到渠成的事。

影星李冰冰人称"拼命三郎"。

小时候，李冰冰长得好看，又能歌善舞，与许多女孩一样，她的心里燃烧着一个五彩缤纷的文艺梦想。许多人即使成年，到了读大学的年纪，也无法明确自己的梦想，比起许多人，李冰冰幸运很多。但也正是这份幸运，使她的人生比别人曲折许多。

在她生活的小镇，大人们认为考上大学是到城市谋生的唯一途径。李冰冰的学习成绩不如妹妹优秀，因而父母没有对她寄予厚望。那是一段灰暗的日子，她既不能成为让父母骄傲的孩子，也不能完成自己的文艺梦想。

为了及早工作补贴家用，李冰冰选择了考取师范院校。毕业后，她在一所小学教学生们唱歌，她的人生，被限定在音乐老师的身份中。然而，在稚嫩的童声中，李冰冰依然无声无息地坚守着梦想的小火苗。我想，如果不是热爱文艺，她不会在鸡西春节晚会上表演，也不会被演员高强看到，进而强烈建议她去考取电影学院，做一名演员。

生活不只有诗和远方，还有眼前的苟且以及数不清、逃不掉的未来的苟且。对当时的李冰冰来说，考电影学院是突破身份限定、实现梦想的唯一途径。为此，她在考前拼命复习文化课，像真正的"拼命三郎"一样，在距离高考只有40天的时候，起早贪黑地背诵，最终以超过录取分数线30分的成绩考上了上海戏剧学院，以一记漂亮的鱼跃龙门敲开了梦想的大门，搏来了一个无限宽广的人生。

今天，我们看到的李冰冰，是被明星光环覆盖着的女明星，她塑造了李宁玉、艳贼小叶等经典银幕形象，成为许多人仰慕的女性。生活就是这样，我们努力去征服许许多多看似不可能的事情，去突破一个又一个他人或自己给自己设置的种种限定，最终不过是为了走在一条更为宽广明亮的人生道路上。

我们常常困惑，自己的一切努力是否带有盲目的色彩。勇敢的鱼跃过了龙门，听话的鱼成为我们口腹中的咸鱼。阿信唱"我不愿一生晒太阳吹风，咸鱼也要有梦"，咸鱼也有梦想，咸鱼也想实现梦想。但咸鱼给自己的"鱼生"设置了限定，把梦想连同用于突破的勇气一起打包丢在了时光的缝隙里，任凭灰尘落满。咸鱼并不是不够勇敢，也不是不够努力。或许，咸鱼翻越龙门的样子要比鲤鱼更美好，只是它唯一拼命的事情是适应，所以我们从来无法看到咸鱼跃龙门的身姿。

  我们成长的过程，是一个不断适应的过程。不论是自然环境、社会环境，还是家庭环境，无一不需要我们去努力适应。这本无可非议，毕竟"适者生存"是谋生的不二法则。但同时，人生残酷亦如战场，如果我们想要生存，只消努力适应就好；可如果我们想要好好地生存，就要赋予自己更大的野心，使自己具备改变环境的能力，用超于常人的进取心，同周遭的许多人、事、物去战斗，勇敢地突破限定。

  我们都希望自己的事业与爱情一天比一天好、一年比一年好，更希望五年、十年后，在镜子中看到一个全新的自己。有想要变好的心，什么时候开始都不晚。世界上没有任何规则规定一个人该在什么时间去做什么事情，愿望再大，只要我们想实现，每一刻都可以是开始的好时候。

  每一个人的人生都无限宽广，你凭什么要给自己设限？

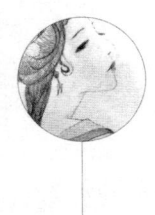

## 你要相信,一切美好都不会被埋没

微博有个小众的宠物博主,常常发一些有趣的宠物段子。

一天,他转发了一个视频。视频的主角是一只小柯基,它欢快地在厚厚的雪地中奔跑,一边跑一边抖落身上的雪渣。柯基最大的特点是它的"小短腿儿"和"心形屁股",平时,我常常在小区里看到柯基在草地里和别的狗狗玩耍的样子,只觉得它又短又粗的四条腿支撑着胖嘟嘟的小身子跑来跑去,简直可爱到飞起来。而柯基在雪地中奔跑的视频,却结结实实地感动了我——腿再短又怎样!只要努力奔跑,它就不会被埋没在积雪中。

在这个世界上,我们可以通过努力选择许多事情,努力考高分可以使我们拥有选择读喜欢的大学的权利;努力工作可以使我们拥有选择好公司的权利;努力成为更好的自己可以让我们拥有选择与喜欢的人共度一生的权利……

同时,我们也有很多时候无法选择,有人默读一遍课文就能大致背下来，有人看到一幅名画，脑海里就已经勾勒出这幅画的结构图，有人浏览一遍 Excel 表格就可以推断出用了哪几种函数公式……面对这些事情，我们不得不承认，人与人之间真的存在天赋差异，而且，天赋是否够高不会由人自己决定，喜欢画画的人不一定具备艺术天赋，喜欢唱歌的人也不一定具备文艺天赋。这有什么办法呢？有时候上天就是喜欢和我们开玩笑。

不过，对于一些无法改变的事情，我们又何必去纠结呢？或许在某个领域拥有超高天赋的人，会比我们捷足先登，但只要我们尽最大的能力去努力做好一件事情，就像"小短腿儿"柯基努力在雪地里奔跑一样，总有一天，美好的未来会如约而至。

1960 年，在罗马奥运会的田径比赛中夺得三枚金牌的是一个患有小儿麻痹症的女性。她叫威尔玛·鲁道夫，是美国一个普通家庭的孩子。由于罹患小儿麻痹症，11 岁以前她只能穿着铁鞋，在家人或朋友的搀扶下勉强走几步路。直到 11 岁，她才脱掉铁鞋，光着脚丫和哥哥一起打起篮球。

是的，你没看错，这个传奇奥运人物是一个 11 岁才独立行走、奔跑的女孩。

摆脱铁鞋后，威尔玛·鲁道夫狂热地爱上了运动。她知道与很多人相比，她不具备运动天赋，甚至连基本的跑跳能力也很弱，但曾被病痛折磨的她，比普通人更相信，只要努力，美好总会如约而至。

牛顿说："无论做什么事情，只要肯努力奋斗，没有不成功的。"威尔玛·鲁道夫希望通过努力拼搏，有一天，能和别人一样在奥运赛场上奔跑。为了实现这个梦想，她每天坚持不懈地练习。四年后，威尔玛·鲁道夫入选美国1956年墨尔本奥运会短跑代表队，首次站在了奥运会的跑道上，成为美国女子4×100米接力队成员。

此后，她进入大学学习，并一直接受田径训练，入选美国罗马奥运会代表队，获得了女子100米、女子200米和女子4×100米接力三个比赛项目的金牌，她奔跑在奥运会跑道上的轻盈身姿，被人们誉为"黑羚羊"。

1994年，威尔玛·鲁道夫因脑癌病逝。

2004年7月，美国邮政为她发行了一款纪念邮票，是美国邮政《杰出美国人物》系列2004年版邮票。人们用这种方式纪念并缅怀一位坚信一切美好都不会被埋没的坚韧女性。

有一段时间，我和朋友们一起执行了一个"一万个小时"的计划。每天坚持做一个小时自己喜欢的事情，我们相信一万个小时以后，在各自喜欢领域的技能一定可以获得提升。我们都知道，这种"每天做一点事情，与美好的结果距离更近一点"的努力方式，可能无法改变我们的人生，但这种方式可以起到很好的督促作用，只要坚持下来，就能收获别样的乐趣。

起初，我们都不知道自己能够坚持多久。前100个小时完成得很费劲儿，有时候结束了一天的工作，大家都很想躺到床上休息，但朋友之间相互鼓励，也便咬牙坚持住了。尔后，100个小时增长到200个小时、400个小时……今天，每天留出两到三个小时来做自己喜欢的事情，已经成了我们雷打不动的习惯，如果有一天没这么做，我们反而会觉得生活少了些什么东西。

说起来，谁的人生不是从无到有，谁的道路不是从窄到宽？不论是我们擅长的事情，还是不擅长的事情，只要喜欢，大可以任性一点努力坚持做下去。请保持住你对某件事情的热情与专注，不断尝试，不断投入时间与精力，并勇敢地向自己要一个结果。

你要相信，在日渐宽阔的路途上，阳光灿烂、公平地照在每一处角落，一切美好都不会被湮没。

## 迷茫不可怕，可怕的是失去了斗志

有人说："被迷雾笼罩并不可怕。可怕的是，在迷雾中的我们，只顾为跌倒而喊痛，丢失了走出迷雾的斗志。"

我想，这句话中的"迷雾"，说的是迷茫，特指人们被挫折迎面痛击后产生的迷茫，有一点无助、有一点麻木，也有一点措手不及。

身在迷雾中的我们，正处于人生的低潮期。这段时期，大多数人严重怀疑自己的能力，消极而颓废，任由自己胡思乱想。古人云："人生在世，不如意事十之八九"。每个人都会遇到被迷雾笼罩的情况，然而，面对看似无法穿过的迷雾，有些人轻而易举地被打败，从此在迷雾中醉生梦死，也有些人一次又一次地寻找正确的路，努力穿过迷雾，最终看到了一片崭新的风景。

黄昏时，一个垂头丧气的女人来到一家心理诊所。

医生为她倒了一杯白开水。她小心地抿了一口，说："我好像被'迷茫'缠上了。读书时,我成绩还不错,可一到决定人生命运的重要考试,我总是发挥失常;工作以后,我换过几份工作,每份工作都不能被领导认可,甚至被公司开除;现在,由于我一事无成,丈夫也要离我而去了……我真的特别迷茫,人生太艰难,我觉得自己坚持不下去了。"

"坚持不下去,是想要结束生命吗?"医生尽量不带任何感情地问她。

她万念俱灰,点了点头。

"那,你有没有孩子?"医生继续问。

她摇摇头,说:"我丈夫好像并不爱我……"

医生想了想,说:"母亲不止一次和我说起过她教我学走路的情形。她说,最初的时候,我总是颤颤巍巍地站起来,每走几步就会摔倒一次。每一次母亲都不厌其烦地帮助我站起来、鼓励我。"

"可是,等到我们长大,母亲就再也不能像小时候帮助我们学走路那样,帮助我们走出迷雾了。"女人沮丧地说。

医生不置可否,继续说道:"母亲并没有因为我跌跌撞撞不断受伤而放弃鼓励我。说起来啊,我们小时候也真是很坚韧,在话都说不明白的年纪里,却不会被疼痛吓到,一次次地爬起来,一定要完成想要学会的事情。"

女人想了想,说:"或许这是因为,伤痛会一点点累积,当累积到一定程度的时候，我们就会失去想要爬起来的决心吧。"

"但是，"医生说："每个人受到的挫折与伤害都是随着年龄增长而增加的。你现在一定觉得很孤独吧？如果不是被那种无助的孤独感驱使，你也不会来找我，对不对？"

女人若有所思："您的意思是说，每个人都会有跌入低谷的时候，之所以我会产生无助的孤独感，是因为身边的人都在努力走出迷雾，所以迷雾中只留下了我一个人？"

医生点点头："让我们害怕走出迷雾的，或许不是那片弥漫着伤痛的迷雾，而是我们自己。这种时候，真正能帮助你的只有你自己。如果连你自己都不肯让自己走出迷雾，那么今后，你只会越来越迷茫。"

女人恍然大悟，然后，挺起胸膛走出了心理诊所。

不知从什么时候开始，迷茫开始流行起来。以迷茫为主题的歌、电影，以及那些迷茫的年轻人的故事，简直让悲伤逆流成河……梦想的路上，我们难免会迷失人生的方向，我们迷茫、我们不知所措、我们无助、我们也孤独……

说到底，我们只是被自己的软弱迷惑了。想要走出迷雾，看到崭新的风景，其实一切都掌握在我们是否能够战胜自己中。这是一条比坚持更难的路，稍不留神便会重新回到迷途。没有人真正想一直孤独地在迷雾中度过余生，于是，霍金坚强地活下来，努力看清宇宙的每一个角落；桑兰努力地微笑，用微笑感动了世界上每一个人。想要走出迷雾，就需要拿出巨大的勇气与坚定的信念，决不姑息、纵容自己的软弱。

人类的天性中，都有趋利避害的基因。所以，我们常常为了暂时躲避痛苦而让自己暂时置身于迷雾中。电影《闻香识女人》中，阿尔·帕西诺说："我知道什么是正确的，在人生的每一步，我都知道，但每一次我都走向了反面，为什么？因为太苦了。"其实，面对迷雾，我们只有两个选择，走出去，或者躲起来。走出去固然艰难，但谁又能真的躲避一生？走出来得越早，我们的心便会越坚定。就算是迷途，只要尝试走出去比被吓破胆的次数多一次，我们就会离成功更近一点。

正因身陷迷雾，我们才更要选择难走的那条路。这不是理智的权衡，也不是坚强的表现，只是因为，我们不可以辜负一颗勇敢的心，也不可以辜负一张永不服输的笑脸，以及一双期待看到更多明媚与美好的眼睛。

## 因为不自由,才更显出自由的可贵

　　一个不太富有的商人,为了节省路费,决定不雇用马车和车夫,徒步翻越一座人迹罕至的高山。

　　从下午到黄昏,商人翻越了一座又一座山,"唉,看来无论多努力,今天都走不出这座大山了。"他轻声地叹了口气,自言自语道。借着落日的余晖,他向远处眺望,希望找到一处可以让他过夜的山洞,不需要太好,只要能遮风挡雨就行。

　　很快,商人就找到了可以栖身的山洞。他加快步伐向山洞走去,边走边捡拾路上干枯的树杈,"走到了,要生一堆暖暖的火。"他想。

　　忽然,一个模样非常吓人的山贼拦住了他:"想活命,就把你的财物都留下来。"商人本就不富有,行囊中的财物是要带回家给家人过冬的钱,他才不想把辛苦半年赚来的钱给一个坏蛋。

于是，他巧妙地避过山贼，扔掉怀里的树杈，拼命往山洞的方向跑去。"也许，我躲到山洞里，这个坏蛋就找不到我了。"他给自己打气。

然而，山贼腿脚非常利落，他紧追不放，追着商人一直到了山洞里。太阳已经下山了，山洞漆黑一片，商人的脚步声在巨大而静默的漆黑中变得容易分辨，他有一点疲惫。这时，山贼追上了他，"可算逮到你了，我都跑累了。"他一面对商人发泄着不满，一面狠狠地揍了商人一顿。揍完，他把商人行囊里的财物抢了过来。

幸运的是，商人的命还在。商人慢慢站起来，发现这是一个幽深曲折的山洞，跑进来的时候太匆忙，以至于迷失了出去的路。

于是，这个夜晚，商人与山贼都成了山洞里的迷途人，他们各自在漆黑中，寻找着山洞的出口。商人仍心有余悸，担心被山贼发现，在黑暗中一点一点地摸索。他摸到了山洞壁上凸起的石块，也摸到了脚下的异物，小心翼翼地避过去。这份因被恐惧束缚的不自由，反而使他对自由有了一种新的理解：只有小心谨慎地走好每一步不自由的路，才有可能在光明来临的时候，得到自由。

山贼呢？他急于跑出山洞，回到山寨享用抢来的财物，因而跑得跌跌撞撞，一会儿被山洞壁上的石块刮伤，一会儿被脚下的异物绊倒，最后，竟然因为失血过多而晕倒在离洞口不远的地方。

天亮以后，商人渐渐可以看清山洞里的障碍物了，他又累又饿，几次都想坐下来休息一会儿。可是，一想到山贼可能还与他同在这个山洞中，他就逼迫着自己继续走着。当他看到洞口的时候，也看到了晕倒在洞口的山贼。

"哈？贼人竟然晕倒在这里了！"商人非常意外，他慢慢走到山贼身边，轻手轻脚地取走原本就属于他的财物，对着洞口的阳光笑了笑。

然后，他头也不回地跑出山洞，翻过大山，雇了辆马车，开心地奔驰在回家的路上。

我们常常觉得很辛苦，辛苦到撑不下去的程度。尤其是当别人和朋友一起逛街吃饭看电影、开开心心发朋友圈发微博秀恩爱秀友情，我们却在工位上一边加班一边吃泡面的时候，这种本该属于自己的自由时间，全部用在了工作上的感觉，像被一个强大的坏蛋剥夺了最后的自由。有过这种体验的人都知道，这种感觉简直不能更糟糕了。

不过，这也正是我们必须继续撑下去的原因之一——不努力撑到洞口，怎么知道自由的滋味？我们奋力拼搏、努力奋斗，在不自由中期待自由，不过是为了最终实现三大自由：财务自由、时间自由，以及心灵自由。

实现财务自由，我们才具备足够的物质条件去满足自己与家人、朋友对物质的种种需求；实现时间自由，我们才可以真正有权利支配自己的时间，把时间用在和喜欢的人做喜欢的事情上；而实现心灵自由，我们才能身随心动，完成心底深处那个最大的梦想。

  我们努力，让自己更优秀一点，不仅是为了给自己增加实现梦想的砝码，也是在为自己争取选择的自由，未来可以按照自己的心意选择自己的另一半、婚姻和生活。山本耀司说："我从来不相信什么懒洋洋的自由，我向往的自由是通过勤奋和努力而实现的更广阔的人生，那样的自由才是珍贵的、有价值的；我相信一万小时定律，我从来不相信天上掉馅饼的灵感和坐等的成就。做一个自由又自律的人，靠势必实现的决心认真地活着。"

  美国著名女作家托妮·莫里森出生在一个贫穷的家庭中，从小，属于她的自由时光就少得可怜。为了糊口，她从12岁那年开始，就不得不牺牲放学后的自由，到富人家中打零工赚钱养家。

  小时候，我们总觉得在亲戚家不如在自己家有安全感。在自己家的时候，我们可以随心所欲，想做什么就做什么，可是在亲戚家，总觉得失去了行动上的自由，做任何事情都感到有一种强烈的束缚感。托妮·莫里森也是如此，她在富人家的工作十分辛苦，同时，小小年纪的她，也体会到了不自由的感觉。因而，她开始对她的爸爸抱怨起来。一次，她的爸爸看着她发完牢骚，对她说："你并不在那儿生活，你生活在这儿。在家里，你和我们生活在一起。你只管去干活儿就行了，然后拿着钱回来。"

听完这番话，托妮·莫里森渐渐明白了一个道理："自由之所以可贵，是由于不自由的存在。"为了自由选择自己的人生，她不断努力，不但完成了学业，也成了一名作家，并获得了1993年的诺贝尔文学奖。她的作品《托妮·莫里森：爱》用最优雅的语言，讲述最残酷的故事，奥巴马评价她"优雅、智慧，是引人注目的作家，也是引人注目的女人"。

有人说，从丑小鸭到白天鹅是一条努力蜕变的道路，我想，这更是一条争取自由的道路。只有努力走过不自由的时光，才可以看到更大的世界，有机会去选择自己想要的生活，有足够的底气不向讨厌的人低头，也有足够的自信向喜欢的人靠近，最终会如愿以偿，拥有一个自由的人生。

# 第三章
## 又狠又温柔,是一场独自的修行

狠,是我们闯荡人生的坚硬铠甲;
温柔,是由骨血透过肌肤盛开的花朵。
对自己下手狠一点,
才能让努力的花朵"破土而出"。

## 狠，是自己给自己的"紧箍咒"

很多人说 2017 年春节最幸运的姑娘是林允。从《美人鱼》到《西游·伏妖篇》，林允在星爷的"保驾护航"下，又一次火遍了大江南北，成为微博、朋友圈的实力流量派女星。

说起娱乐圈的幸运段子，我们最先想到的可能是某女星陪同学去参加海选或者试镜，结果同学落选，女星反而被慧眼识珠的导演注意到，从此开始了平坦的星途，以一个广告片或一部影片走红。但说起来，一直被人们羡慕的"幸运的林允"，其实并没有那么幸运。她是从 12 万人的海选中逼迫自己像奋勇杀敌的将军那样一路过关斩将硬闯出一条星途的，从 43 强到 13 强，又从 13 强到 6 强，每一步她都走得格外辛苦。

在电影《美人鱼》拍摄现场，无论多苦多累，林允始终狠狠逼迫自己不要放弃。在一次采访中，她说："别人越羡慕，我付出得就越多，你看到的我有多幸运，我就有多努力。"据说这也是星爷对她颇为喜欢的缘故之一。

你看，这个世界从来没有不劳而获的幸运。我们所能看到的每一个有所成就的人，无一不是对自己狠的人。连人工智能都能打败围棋冠军了，如果我们再不对自己狠一点，未来还能做些什么？还有什么资格去谈实现梦想？

我们还年轻，想学的东西有很多，画画、PS、健身、理财、写作……可是有很多人，工作一忙碌起来，下班回到家便窝在床上看剧，边看边想，"嗯，反正我还年轻，等周末再开始也来得及"，然后心满意足地睡去。等到周末，她们又忙着和闺密约会逛街，把"充电"的事情抛到脑后……最后，她们就真的只是"想学"了。

学，是真的想学，但缺少一种狠劲儿，大概也只能想想了吧。或许年轻的时候，她们可以凭借好看的容貌、良好的教育，甚至是男人的宠爱毫不费力地生活。但谁也无法肯定，中年之后，她们会不会亲眼看着自己吞下年轻时亲手酿成的苦果。

一天，一位名叫丁兰葆的小姑娘在回家的路上，看到了一个招生启事。

这个启事贴在墙上，标题是"首届上海戏剧学院招生启事"。丁兰葆知道学戏是一门苦功夫，非得对自己狠才能成事。但是，当我们真的想要做成一件事情的时候，心里早已顾不得这样那样的难处了，丁兰葆也是这样。她闹着家里人带她去报了名，并以第一名的成绩考上了梦寐以求的上海戏校。

很多艺术生总会给人们一种学习不好的印象——反正有艺术特长可以加分，学习不努力也可以。丁兰葆却是一个学习极好的艺术生。

她师从京剧名角儿黄桂秋，先后得到程砚秋、荀慧生亲自指点。学戏的第一件事，就是把《春秋配》完完整整地抄一遍。抄完，她才规规矩矩地学身段、练唱腔。四年后，她抄写的戏本除了《春秋配》，还有《三娘教子》和《朱痕记》。抄写戏词是一门苦活，也是一门硬功夫。丁兰葆年纪轻，几乎没有社会生活与男女情感的经验，只有更加熟悉戏本中每一个任务的心理活动，才能恰如其分地表达出戏本里的悲欢离合、世情百态。

丁兰葆对自己的狠，除了体现在抄戏本上，还体现在学习的方方面面。据说，她在学习《采花砸涧》的时候，反反复复地揣摩了师傅所做的示范，熟悉到连口型都与师傅如出一辙。渐渐地，她的"黄腔"唱得有模有样起来。

1944年，丁兰葆在上海戏校公演中，饰演了《金山寺》中白素贞一角，获得梅兰芳称赞："很难得啦，小小年纪，在台上不慌不忙，很有角儿的气度，以后多用功，好好利用你这副好嗓子，一定唱得出来的。"

不久，她正式拜梅兰芳为师。

后来，她成为著名京剧表演艺术家，嗓音清脆洪亮，擅长京剧旦角。

现在，每一个学戏的孩子都十分熟悉她的艺名：顾正秋。

那些对自己狠的人，都成功地提升了自己的核心竞争力，在人生的舞台上灿烂夺目、闪闪发光。狠，是水滴石穿，是自己给自己的"紧箍咒"，是为了梦想不被现实撕碎、有朝一日可以温柔绽放。

对自己狠一点，未来就会对你温柔一点。

对自己狠一点，整座城市也会对你温和一点。

## 愿你手中始终有花,也愿你一路有花香相伴

说起难,我想大概没有人比她更难。

13岁时,她做了人生中第一次脊椎手术。从这一年开始,为了遮盖住后背难看的伤疤,她留起了长发。年轻的女孩子总是对外貌无比在意,也总是对他人的评价格外敏感,她很怕难看的后背被人看到,即使有人站在身后,她都会觉得不自在。

后来,人们经常在台球赛场上看到她。她穿一身黑色的衣服,留一头披肩长发,性感又利落。作家詹姆斯评价她为"赛场上最抢眼的女人"。她,就是女子台球世界冠军——"黑寡妇"珍妮特·李。

成为台球运动员,是她人生中最初的梦想。在她看来,台球是一种感性而有风度的运动,具有可以让她一直沉迷的魔力。正是这种魔力,使得她直面人生的苦难,努力跨过了一个又一个障碍,最终成为女子花式九球运动项目的世界级偶像,温柔而勇敢地绽放着自己的美丽。我想，珍妮特·李此生最庆幸的事情，并非在逆境中坚持负隅抵抗，而是无论在多难的处境中，她都没有忘记最初的梦想。就算难到几乎一无所有，她也有着将梦想实现的决心。

这是一个人最宝贵的初心，是一个人一生所拥有的最珍贵的花朵，它能够赐予人们积极进取的力量，让我们温柔地生存在这个无常的世界。无论我们想要实现的那个梦想有多遥远，只要手中的花朵还在盛开，就一定可以坚持下去，继续勇敢坚定地向前走，一直走到鲜花盛开的地方。

1912年春天，49岁的乔治·桑塔亚纳教授如同往日一样，在哈佛大学哲学系的课堂里给学生们上课。与学生们一起听课的，还有一只知更鸟。它似乎很喜欢桑塔亚纳教授讲授的课程，站在窗台上一边听课，一边叽叽喳喳开心地叫个不停，像极了一个与教授讨论知识的学生。

桑塔亚纳教授被知更鸟"好学"的样子迷住了，他忘记自己正在工作，静静地注视着它。教室里忽然安静下来，学生们都不知道教授在想些什么。

许久之后，教授才回过神来，"对不起，"他对学生们说，"我要去赴约了。"说完，他便离开了教室。

那一年，桑塔亚纳教授回到了他的故乡。不久后，《英伦独语》出版。书中，桑塔亚纳将英国式的恬静、自由、矜持与幽默娓娓道来，同时，也抒发了他对大自然的热爱之情，感动了万千读者。

谋生亦谋爱，既为生存，也为爱好，那么一路走来，才能越发铭记自己的初心，正如纳兰性德写的"人生若只如初见"。

在这个浮躁的时代，我们追求更有效率地读书、工作，计划一年读一百本书，最好一下子加薪到可以在喜欢的城市买房安居。却忽然在某一个加班的夜里，发现所谓的奋斗与奔波，不过只是为了柴米油盐而已，在茫然无措的情绪劈头盖脸向我们袭来的瞬间，忽然发现好像已经很久没有和喜欢的人一起去仰望浩瀚无边的璀璨星空，在无休无止的奔波忙碌中，忘记了自己最初出发的目的。

每一天，世界都在发生着一些变化，这变化或许显而易见，或许不为人知。在日新月异的世界中，我们对名利与金钱的欲望日渐膨胀，当初想要完成的那些事情，在我们心中渐渐变得模糊起来。

我知道通往梦想的途中，不只布满荆棘，还充满无数诱惑。

世界聒噪，生活不易。并不是不再想要去完成最初的梦想，只是当我们疲惫地追逐更多的东西时，常常忘记低下头去嗅一嗅手中的花朵，以至于在去往鲜花盛开之路的途中迷失了方向，甚至在欲望的诱惑下丢掉手中的花朵，走向另一条没有尽头的道路。

人生是一场独自的修行，初心是我们前行的路标。如果梦想让我们变得无坚不摧，初心则可以让我们温柔地前行，一步一步，坚定，且无畏。

愿你手中始终有花，也愿你一路有花香相伴。

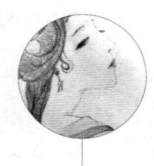

## 别担心，让你害怕的事情可能只是你的想象

岁月如梭似窃贼，偷走了许多美好、珍贵的东西。说好一起变老的那个人变成避而不见的陌路人，曾经许得无限大的心愿在骨感的现实面前成为永远不敢去做的事情。有人说，越长大，越孤单；越长大，越不安。我们终于不再惧怕祖母故事里那只"不好好睡觉就会吃掉你"的大灰狼，却往往会败给不平坦的未来，允许自己庸常平凡，在现实的洪流中得过且过、碌碌无为。

但是，即使未来不平坦，依然有人不畏前方，努力地做好每一件事情。

13岁那年，艾伦·德杰尼勒斯的父母离婚了，她的生活忽然少了半边天。

对于一个少女来说，父母失败的婚姻可能会对她的心理造成一定程度的伤害，但艾伦·德杰尼勒斯没有时间去难过。离婚后，她的母亲在承受婚姻失败的同时，还面临着来自生活的重重压力。

在悲伤失意与迷茫困惑中，她被诊断罹患重度抑郁症，甚至企图割腕结束生命，如果不是艾伦·德杰尼勒斯及时发现，她很可能已经在一个清晨永远离开人世了。

没有别的选择，艾伦·德杰尼勒斯只能扛起照顾母亲的责任。生活在她还没有准备好的时候，变成了另外一个样子，她还来不及担心害怕，就必须为了让母亲活下去而担负起为人子女的责任。

她凭着记忆翻出了家里所有刀子，又把它们妥帖地藏在不易被发现的地方，确保母亲不会再有机会用锋利的刀伤害到自己。医生认为，多陪病人聊天有助于缓解抑郁情绪，艾伦·德杰尼勒斯便在放学以后给妈妈讲故事听。为了吸引妈妈的注意力，她在语言和动作上下了很多功夫。时间久了，妈妈格外喜欢她幽默风趣的讲述风格，她自己也具备了表演脱口秀的能力，经常在学校的晚会中演出。母女俩的生活在她的努力下，过得越来越好、越来越快乐。

在生活中，我们常常听到有人说"我担心我做不到，害怕自己撑不下去，让关心我的人失望"。

担心，说明这件事情的结果对我们非常重要；害怕，则意味着我们对自己需要承担的责任有了明确的认知。可是，许多事情并不是担心害怕就可以逃避的。别担心，人生本就是一个不断突破自我的过程，而苦难则是过程中的必经之路。苦难并不可怕，可怕的是我们将之想象成无限放大的模样。

艾伦·德杰尼勒斯读大学后,平静的生活再一次被打破:由于母亲的收入不能支付她的学费,她只能选择退学。或许是幼年时的经历赋予了艾伦·德杰尼勒斯与苦难对抗的勇气,她并没有担心未来的生活。

没有学历,她还有特长,只要找到一份可以谋生的工作,就能让生活慢慢好起来。没有任何演艺经验的艾伦·德杰尼勒斯,凭着对生活的向往和初生牛犊不怕虎的勇气,找到了一份心仪的工作——脱口秀演员。

你看,"苦难"这只小怪兽,专拣软柿子捏,一旦遇到生活的强者,便会畏手畏脚。不过,怪兽的生命力很旺盛,常常跳出来给我们捣乱。艾伦·德杰尼勒斯的奋力一击只是让它受了点伤。不久后,"苦难"又缠上了她——由于脱口秀表演不能被观众认可,她失业了。

这一次,艾伦·德杰尼勒斯非常沮丧。如果年幼时,扛起照顾母亲的责任是生活所迫,现在,一直以来都与母亲相依为命的她已经长大成人,如果不能照顾好母亲和自己,她便与废人无异。然而,优秀的人那么多,她只是一个高中毕业生,唯一的特长也不被观众喜欢,如果坚持闯荡,万一失败,还要连累母亲一起过贫穷的日子。

直到母亲看出她的担心和顾忌,鼓励她去做自己想做的事情,她才一点一点鼓起勇气继续做起了脱口秀演员。很多时候,想要保持奋力进取的热情，唯有迎难而上，也许只要再努力一点点，就可以摘到最芬芳最甜美的果实。20世纪80年代，艾伦·德杰尼勒斯报名参加了电视台举办的喜剧小品大赛，并一举夺魁，成为"全美最搞笑的人"。

此后，"勇者无畏"是她唯一的护身符。今天，她幽默、犀利的表演风格为众多观众喜爱，是美国著名的脱口秀节目主持人之一。

人，最大的敌人是自己，是自己的想象。没有什么事情比害怕本身更令人担心。在《裘力斯·恺撒》中，莎士比亚写道："懦夫在未死以前，就已经死过许多次；勇士一生只死一次。"

我们一路成长，一路将苦难放大、将不安放大，变得畏首畏尾、卑微胆怯。

杨绛说："一个人不想攀高就不怕下跌，也不用倾轧排挤，可以保其天真，成其自然，潜心一志完成自己能做的事。"与其担心未来不够美好，不如从现在开始，心无旁骛，好好努力。你要相信，那些让我们感到害怕的事情，可能只是我们的想象。别担心，人类天生有一颗勇敢无畏的心，心中有梦，且有光。梦会指引我们越来越强大，光会照亮每一个忧伤的夜晚。

## 活成你自己,才不会患得患失

当我们患得患失的时候,我们会从骨子里生出一种让自己都觉得心凉的自卑,令我们在应当果决的关键时刻焦躁不安、瞻前顾后。只要体验过一次,就知道这种感觉很糟糕。然而,在生活中、在我们周围,患得患失的人并不少。那些深夜买醉的迷途人,如果不是失业或者失恋,那么一定是在担心失业或者失恋。就连我们自己,也常常会产生患得患失的感觉。

有人说,只有当我们强大到某种程度的时候,才不再担心会失去什么。那时,boss会担心我们跳槽,喜欢的人会担心我们离开。

这话不无道理,但我总觉得太过热血,强大得太过坚硬,失去了女孩所特有的柔韧。比较起来,我更喜欢三毛的话:"非常沉默,非常骄傲,从不依靠,从不寻找。如果有来生,有没有人爱,我也要努力做一个可爱的人。不埋怨谁,不嘲笑谁,也不羡慕谁。阳光下灿烂，风雨中奔跑。做自己的梦，走自己的路。"无论怎样，你就是你，这是女性的骄傲，也是女性的自尊。这个世界赋予我们很多希望，也剥夺了我们许多唾手可得的机遇，失去并不可怕，如果我们可以活成自己想要的样子，而不是你的吧boss希望你展现给客户的样子，也不是你喜欢的人希望你成为的样子，那么就算糟糕到失去全世界，我们还拥有一个足够好看的自己。

电影《霍比特人2》中，比尔博在最后，也是在最紧要的关头找到了进入孤山峻岭的秘密之门的时候，有一片清凉的月光温柔地映在金布谷身旁。这个场景令我格外感动，因为在这一刻，这一行人一直以来的坚持又重新变得有意义，每个人都成为自己想要成为的样子，那些曾经以为遥不可及的梦想，也终于因为可贵的坚持，而有了动听的回响。

这个场景太美好，美好到让我愿意去相信，我们所有的努力与挫折、困惑与焦虑，都是成为自己之前的一种铺垫；我们所经历的一切，只是为了让我们在未来的某一天迸发出足够强大的能量去成为自己；也让我们看清了，坚持去做自己喜欢的事情，成为自己想要成为的人，不被名利所累，不为世事烦扰，就一定可以清净自如地做好一件事情，执着且自信，不再为患得患失所扰。

要活成自己，就要做好一个人奔跑的准备。这是一个争名夺利的时代，也是一个机遇遍地的年代。活成自己，意味着我们不但要守住一颗淡泊的心，还要忍得住孤独、经得起诱惑、扛得住闲言。

一生长久，长不过三万日夜，就算人生只是大梦一场，我们也要为自己找到那条幸福的出路。电影《编舟记》中，男主角马缔光也腼腆木讷、不善言辞。他在出版社做销售时屡屡受挫。工作使他患得患失，下班回家吃饭内心亦不安稳。直到他调到词典编纂部门，才发现自己找到了真正想要做的事情。当时，互联网渐渐普及，电子书逐渐呈现出替代纸质书的态势，编纂字典这项工作在许多人眼中，不啻于可笑的坚守。

然而，为了编纂辞典《大渡海》，马缔光也与时代对抗，付出了15年的光阴，为了更为准确地表述一个词语的释义，他比以往更加努力地生活、更加想要成为自己想要成为的人。这份难得的信念与坚守，回馈给他的是一份为之奋斗一生的事业，与一个可以真正相依相伴的爱人。他的人生充满了爱与力量，幸福的温度让他一生都不再患得患失。

每个人对于幸福的定义各有不同。如果我们把所有人的幸福摆到明处，将俗世外物摒弃，便不难发现，幸福不是房子、车子、票子，以及外人的一句"嫁得不错啊"，而是不屈从于外界强加给我们的成功标准和幸福定义，人生中每一个重大的选择，都是经过自己慎重思考后决定去做的。我们辗转多少城市、荏苒多少时光、付出多少艰辛，无非是想要去做自己真正想要去做的事情、嫁给自己喜欢的人。

　　自己的命运由自己掌舵。生存，不需要我们去取悦他人，亦不需要我们处处去看别人的脸色。你不欠谁一段牵肠挂肚的时光，也不欠谁一张唯唯诺诺的脸孔，这个世界不会因为你患得患失而额外施舍给你好运气，能够让你真正感到幸福的，只有那个一身骄傲、一如既往的自己。

　　姑娘，你真的不需要与整个世界对抗，活成你自己，你就是你世界里那个自带光环的女主角。女主角不会患得患失，女主角一定会幸福，且有尊严。

## 不和别人比较,你就是你自己

每年春节以后,就到了职场的"跳槽季"。人们跳槽的原因有很多,比如怀才不遇,或者对薪资待遇不满意,等等,其中有一种原因,叫"个人原因"。

做了许多年 HR 的朋友,对"个人原因"的跳槽者有着独到的分析,她说以这类理由跳槽的人多半不清楚自己在职场中的优势,盲目地和团队中其他成员比较,认为自己在学历、经验等方面都不如别人,不具备核心竞争力,从而导致自己无法很好地融入团队,进而因为工作而失落,甚至影响到自己的生活。

不能很好地融入团队,并不是说跳槽者不具备与某个职位相匹配的工作能力,而是跳槽者无法接受在团队中被忽视的感觉。事实上,不论在工作团队中,还是在生活中,都有许多比我们更为优秀的人。可是,就算是一只职场菜鸟,也一定具备自己独特的优势。如果不能发现并发挥自己的优势，脚踏实地地做好自己应当去做的事情，即使换了一个新的环境重新开始，往往也会因为同样的原因再度跳槽。

提起蔡依林，便绕不开周杰伦。刚刚出道的时候，她以略带青涩的性感形象"斩杀"无数少年，获封"少男杀手"，此后，她的每一步，都被笼罩在周杰伦的光环下。2005年，蔡依林离开周杰伦，发行专辑《J-game》。

这张被定位为转型之作的专辑，虽然让她赚得盆满钵满，却并没有获得预期的好评，很多粉丝认为离开了周杰伦，她的歌便不再值得被期待。当时，蔡依林的处境确实很尴尬，在形象上，她渐渐褪去了出道时期的青涩，"少男杀手"的光环已经不再；而在作品方面，没有人比周杰伦与她更有默契，失去了周杰伦，就算她的唱功不容置疑，歌也会少了几分辨识度。

娱乐圈新人辈出，如果不努力，就只能被湮没。在外界的嘘声中，蔡依林清楚地知道，她没有退路，与其和别人去比较，不如找到并发挥自己的优势，成就自我，自信地蜕变成一只美丽的花蝴蝶。

那些年，蔡依林几乎全年无休。不再是"少男杀手"，就尽情尝试各种另类造型。《美杜莎》中，妖娆的蛇缠绕着她的发，乍看之下有些惊悚，却演绎出了美杜莎悲情的一面；《特务J》中，身穿黑色绑带紧身衣的她有一种张扬的性感，凌厉又娇美的眼神分明在说："我，就是我自己。"

同时，蔡依林也开启了"拼命三娘"的模式，努力提升自己的辨识度。《舞娘》专辑，她开始练习无重力旋转彩带舞，也曾疼到泪流满面，但在她的坚持下，最终成就了 MV 中的惊艳亮相，成为粉丝心中不折不扣的"舞娘"。

这只是开始。接下来，是我们都知道的芭蕾舞、钢管舞、吊环和鞍马。为了完成这些高难度的动作，她在刷牙时都保持一字马的姿势。或许与专业舞者或者体操运动员相比，蔡依林的动作并不完美，但她就是她。她从不与别人比较，没有天赋，就拼命努力，找到一点自己的优势，就尽情挥洒汗水，一路拼搏。

如今，蔡依林已经是粉丝眼中独一无二、无可替代的"歌坛天后"。

在职场中，我常常见到一些姑娘，明明可以做好许多事情，却总认为自己不行。"这件事情我不行，她比我更擅长做沟通工作，我还是不要做了""这个项目我不行，她比我经验丰富，我还是不要硬撑了"……她们看起来积极努力，不论是对工作，还是对生活，都充满着热情。但努力是一件纯粹的事情，如果总和别人比较，便永远无法成为自己、成就自我。

壮志未酬心未死的暮年人并不少，海明威在《老人与海》中塑造的老人无疑是其中令人震撼的形象之一。他可以被毁灭，但只要活着，就要做自己。不羡慕别人的成就，也不因自己不如别人而自卑。别人的好与不好，仿佛都与他无关。就算老人经过艰辛搏斗只能空手而归，他也不是一个失败者。

不与他人比较，我们就可以自如地生活、尽情地努力。生活从来就不只是诗与远方，好的坏的都逃不掉。与其羡慕别人的优秀，不如将羡慕转化为让自己努力的动力。

有人天生有一副动听的歌喉，却因为老师一句"她比你唱得好听"而模仿别人，从此束缚了自己灵动的声音；有的女孩对数字格外敏感，在数学考试中屡屡拔得头筹，却因为同学一句"数学是男孩子擅长的领域，女孩子永远比不过男孩子"而放弃对数学的喜爱……

你要相信，你有自己独特的优势。你的形象、气质、才华、能力都是万中无一、独一无二的。任何人的优秀都是在平凡的开始中一步步累积而成的，她行，你也不差。只要多一点自信，就可以离你的梦想更近一点。

作家简媜写道："让懂的人懂，让不懂的人不懂。让世界是世界，我甘心是我的茧。"愿你不再脆弱到不堪一击，也愿你强大到无懈可击。在悠远而漫长的人生中，做你自己，不与任何人相比，也不与任何人相同，努力破茧成蝶，美丽惊艳人间。

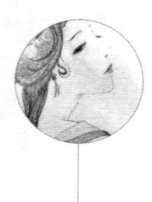

## 清理内心的垃圾,要恰逢其时

王尔德说:"把人分成好的与坏的是荒谬的,人要么迷人、要么乏味。"

海伦·凯勒则说:"面对阳光,你就看不到阴影。"

王尔德与海伦·凯勒说的,都是人的内心。人们在俗世中行走,必然会经历一些令人难过或者沮丧的事情,原本无垢洁净的内心也便因此而蒙上灰尘。但只要我们可以恰逢其时地清理掉内心的尘埃,心便不会被尘埃覆盖,始终向阳,一直迷人。

美国《时代》周刊每年都会选出"世界最有影响力 100 人"。2015 年,这个榜单的人物有习近平、奥巴马、普京,也有一个普通的日本妹子。她叫近藤麻理惠,入选的原因不是长得好看,或是在某个方面做出了特别突出的贡献,而是因为她有一种让人着迷的魔力——整理屋子。

越来越快的生活节奏,让许多人疏于整理屋子,近藤麻理惠的理想却是成为一个像妈妈一样出色的主妇。为了完成这个理想，她在读小学的时候，就学习了新娘课程，长大以后，烹饪、缝纫、打扫、整理，她样样精通，独创的"怦然心动整理法"不但使人们的屋子焕然一新，也令人们的生活更加轻松舒适。

在一次采访中，近藤麻理惠道出了"怦然心动整理法"的精髓。要"停止犹豫和愧疚，把那些你不想要的、感到不合适的物品，果断舍弃，不要贪婪"，留下真正令你怦然心动的物品。在这个过程中，人们会清楚什么东西是自己真正需要的，从而在理清杂乱无章的思绪中，对自身以及未来可以有一个明确的判断，不再被堆积在心里的负能量侵扰，从而使生活变得轻松起来。

我们生活的环境，其实正是我们内心的映射。苹果创始人乔布斯坐在地板上，周围只有一盏灯和一套组合音响的照片传遍网络。他有一个"极简主义"的家，也有一颗"极简"的心，常年身穿牛仔裤与黑色上衣上镜接受访谈。能够狠下心清理居住空间的人，往往也可以具备清理内心垃圾的能力，从而更为专注地完成每一件事情。

清理内心的垃圾，与清理房间一样。柏拉图认为，能够决定人们心情的，在于一个人的心境。如果我们不能及时清理内心的垃圾，就会变得阴郁沉闷、疲惫不堪，不再有精神去拼搏、去努力。

我们曾经受到的伤害，总会时不时地刺痛我们，令我们在某个瞬间感到心缩成一团。

我们不肯面对的过去，会令我们锁紧心门，不再信任他人，也不肯接纳他人，令我们孤独而无助；我们内心所滋生的种种欲望，会使我们变得急功近利，在前行的路上心烦意乱、备感焦躁……

这些垃圾堆积在我们心上，吸引懒惰、拖沓、得过且过等恶习向我们靠近，使我们看起来负能量爆棚，甚至怀疑人生，对生活充满失望。只有将垃圾一一清理干净，才不会继续沉沦在负能量中。

道理我们都懂，但做起来总有些难。悲剧总比喜剧更令人感动，人类的内心似乎也总是更加倾向悲观的一面，因而积极向上在有些时候会成为一件困难的事情。但很多时候，只要我们可以给自己喝一杯茶水的时间，就可以令情绪平复，发现其实没有什么事情真的可以令我们伤心失落，也没有哪一种失败足以困住我们前行的步伐。

袁姗姗曾因造型被网友吐槽为"锅盖头""傻妞子"和"泡在蛋花汤里的肉包子"，甚至被喊话"滚出娱乐圈"。面对这些非议，她没有流泪，也没有让负能量堆积在心中，而是尽情挥洒汗水，工作健身两不误，在短短40天里练成了令人羡慕的马甲线，连脸部的线条都变得紧致起来。

梦想的路上，从来不缺麻木、颓废的人，既然已经决定向着目标前行，我们便没有理由让自己被负能量缠绕。

清理内心的垃圾，要恰逢其时，不是偶然想起，也不是已然肩负沉重。消极会被积极打败，卑鄙会被高尚打败，忧郁会被快乐打败，懒惰会被勤奋打败，脆弱会被坚强打败……只要我们愿意，就可以在最恰当的时间里，把内心的垃圾清理干净。干干净净，继续出发。

## 沉淀,不让过去成为绕不开的情结

你有没有在初夏时节去过乡下?在那个流淌着暖风的时节里,田野里的稻谷温顺地垂着谷穗,向每一个流着汗水忙碌的农家汉致敬。如果你仔细观察,便不难发现,在田野间,有一种样子很像稻谷,却不是稻谷的农作物。

农家汉叫它"稗子",是长在田间的野草。它与稻谷共同生长,吸收着同一片土地的养分,却无法结出一粒稻米。把稻子和稗子一起放到水里,稻子会沉淀到底,而稗子则会漂浮在水面。

两种作物,两段生命。我们的成长,也需要沉淀——当我们被心头的伤疤不断伤害的时候,最应当沉下心来,脚踏实地做好手头的事情。唯有踏踏实实生长的生命,才会结出饱满的果实。

汤唯或许不惊艳,举手投足间却有一种十分优雅的气质,仿佛莹润的珍珠,没有钻石耀眼的光泽,却有一股足以沉淀时光的莹润质感。被称为"文艺女神"的她,是大银幕上性感多情的王佳芝、才华横溢的萧红……诸多深入人心的角色受到了无数影迷的喜爱，"女神"之名实至名归。

在饰演电影《色·戒》的女主角王佳芝前，汤唯是话剧《切·格瓦拉》中的女战士，硬朗的英气中带有一点青涩，扎实稳健的台风让人过目不忘；在饰演王佳芝后，她一夜爆红，但于她而言，或许这并不是一种幸运。

为了得到饰演王佳芝的机会，汤唯几乎拼了。那段时间，她生活在上海，穿着旗袍流转在市井弄堂之中，唱苏州评弹、学打麻将，3个月后，她才获得《色·戒》导演李安的认可。影片上映后，汤唯的表演获得了首肯，一举斩获金马奖最佳新人奖。然而，在这盛名之下，还潜藏着危机。2008年，汤唯遭遇了全面封杀，那一年她28岁，正是一个女演员的黄金时期。

对于汤唯而言，这是一个致命的打击。如果在此之前，她是一个信奉只要努力就能成长的姑娘，那么从此时开始，在命运的推动下，她不得不相信沉淀，才是一个人前行的基石。当时，她带着全部身家去了英国学习舞台剧和英语，穿最朴素的衣衫，做最普通的学生，课余时，她也曾到街头卖艺。

是沉淀，让她从打击中一点一点爬起来，继续努力圆梦。这是成功者与普通人最明显的区别之一，假若这件事情发生在普通人的身上，恐怕早已一蹶不振。两年后，汤唯迎来了新的机遇，获得了出演电影《月满轩尼诗》的机会，并以出色的演技斩获了华语电影传媒大奖最佳女演员奖。此后,《晚秋》《北京遇上西雅图》《黄金时代》,经由沉淀而愈加优雅的汤唯,把握住了每一个机会,打了一场又一场漂亮的翻身仗。

很多时候,我们为了完成梦想,对待人生不是用力过猛,便是力所不及,却忘了像汤唯那样,在打击下给自己一段沉淀的时光,沉稳地成长,安静地等待下一个机会,厚积薄发,让所有伤痛都成为过去。

钱锺书与杨绛之间深厚而充满默契的感情为许多人羡慕。在杨绛先生晚年,独生女儿钱瑗与丈夫钱锺书先生先后去世。当巨大的伤痛来袭,杨绛先生并没有沉沦于悲恸,而是让自己沉淀下来,将她一生的经历与一家人曾经那些美好的回忆写成了《我们仨》,温暖质朴的文字在许多个平凡的日子里温暖了读者。

三毛在《空心人》中写道:"所有人,起初都只是空心人,所谓自我,只是一个模糊的影子,全靠书籍、绘画、音乐、电影里他人的生命体验唤出方向,并用自己的经历去充填,渐渐成为实心人。"我想,空心人成长为实心人的过程,便是沉淀。我们不断地遇到一些人、经历一些事情,梦想的路上,唯有经年累月地去沉淀,将那些令我们痛彻心扉的伤害与打击转化为人生的阅历,方有机会让生命焕发出新的精彩,为生命留下一点厚重且有余香的养料。

当事业遭遇打击时,沉淀可以让我们静下心来规划未来,潜心努力；当感情被伤害时，沉淀可以赋予我们包容的力量，继续相信爱情。如果你有一定要完成的事情或者想要去爱的人，那么，你不仅仅要努力，还要学会去沉淀。

只有沉淀，才会让过去真正成为过去，而不是兜兜转转永远辨不清方向。亦如真正的温柔是由骨血透过肌肤盛开的花朵，没有一种狠劲儿，没有修炼自己的本事，不具备厚实的内涵，不领略精致的生活，温柔便无法自信且自如地"破土而出"。

## 第四章

### 世界如此聒噪，淡定方能快乐

在聒噪的世界里做自己的太阳，
发光发亮，风生水起。
就算你我被伤害到体无完肤，
也没有人能够阻止我们快乐地活。

## 懂事的姑娘容易憋成内伤

懂事,似乎一夕之间成了姑娘们最大的原罪。这个世界从来不缺懂事的女人,但懂事的女人,却仿佛通通遭到了命运的诅咒,不能获得幸福。到底哪里出了差错?

朱安是鲁迅的原配妻子,一个裹小脚的女人。虽目不识丁,留下的话语却颇耐人寻味。她说:"我好比是一只蜗牛,从墙底一点一点往上爬,爬得虽慢,总有一天会爬到墙顶的……",用朴素的话语道出了她凄苦的一生。

她与他共同生活在一个屋檐下,却始终没有进入他的世界,她以安为名,却颠沛流离,一生欠安。究其根本,大约是由于她太过懂事。

当鲁迅追求自由恋爱,将"真正的爱情"给了女学生许广平时,朱安默默忍让,默许他们往来,在生活上尽量妥帖地照顾他。

这个被鲁迅称为"母亲送的一件礼物，自己只负有赡养义务"的女人，不但为鲁迅服侍他的母亲，甚至在他去世后，仍对许广平母子以礼相待，一生没有同他与他爱的人发生过争执。

她遵从三从四德，克己复礼，懂事了一辈子，也委屈了一辈子。

她的懂事，没能为她寻得一处妥善安放眼泪的角落，也没能为她的爱情找到一个自由绽放的世界。但又有什么办法呢？或许她一早猜到了结局，然而除了懂事，她并没有其他的选择——鲁迅并不爱她。一个姑娘爱一个男人的时候，全世界都不可以说他不好，即使他有无数缺点，即使他不懂事，因为她爱他的全部，容貌、身材、优点以及所有的缺点。一个男人爱一个姑娘的时候，也是如此。

鲁迅不爱朱安。他不会为她撑起一片天空，不能替她遮风挡雨，她只好懂事地憋到内伤，用包容与忍让来成全鲁迅的追求。如果她遇到的是一个真心爱慕她、尊重她的男子，当他与另一个姑娘在一起，她会不会疯狂地夺回自己的爱情或者勇敢地成为一个独立的女性呢？事情会不会是另一种结果呢？她不会因为鲁迅而为世人所关注，也终于能活成自己想要的模样，人如其名，一生平安。但这终归只是假设，鲁迅与朱安的婚姻是旧时婚姻制度酿成的悲剧，那个时代已如潮水滚滚东流，一去不复返，而懂事的姑娘古往今来，从未消逝，于是有了陈寻，也有了这个时代的无数渣男。

很多男生都曾表态，想找一个懂事的姑娘做女朋友，一辈子相敬如宾，永不吵架。认为只有这样的感情才经得起激情热恋，度得了平淡流年，然而他们往往最终选择了一个作得不行的姑娘谈恋爱，还把那姑娘宠上了天。周文就是其中的一个。

他曾经和一个温柔懂事的姑娘在一起生活了四年。那时他们刚刚大学毕业，一起到深圳打拼。两人手头都没有积蓄，日子过得紧巴巴的，姑娘没有怨言，四年里没买过一件奢侈品，一身行头都是淘宝爆款，她把工资连同下班后的时间一起交给了他，做饭洗衣，在家里看他喜欢看的书和电影等他下班回家，憧憬着幸福的未来。

这般风平浪静的日子过了三年半，直到周文升职做了项目经理，公司给他配了一个刚刚毕业的姑娘做助理，她穿时尚的衣服，画精致的妆容，喷恰到好处的香水。周文不出意外地动心了。起初，也仅仅是动心而已。当他与她相处的时间久了，他便开始带着一种矛盾的心情观察家中的女朋友，一点一点找理由离开。

他嫌她不会打扮，说"我现在又不是赚不了钱，你怎么也不好好打扮下自己"。她有一点委屈，深圳的房价那么高，两个人家境都很一般，首付的钱总要省了又省才能攒起来，她怎么舍得给自己花钱。这么一想，她的眼圈便红了，可为了不让他生气，她一面忍下眼泪，一面去淘宝买了一条几十块钱的超短裙。

说起来，她才26岁。一味的迁就与付出，竟让她看起来比刚刚毕业的姑娘老了许多。她不是不想要他照顾，许多个忘记带伞的雨夜，她很想要他去公司接她下班，又担心他累，转而作罢，一个人淋着雨回家，在空荡荡的房间里烧水、做饭，等他回家。她学着像母亲体贴父亲那样懂事，像幼时学英语一样用心，学着自己解决一切困难。而这一切，换来的只是他以为的理所当然——他见她无话可说，转身便走。

不久以后，周文与她分了手，带助理来参加聚会。席间，他介绍说这是我女朋友，频频为她夹菜。她不顾形象地笑，说我不吃香菇，你夹错菜了，罚你明天给我买早餐，要咖啡配黑森林蛋糕。我以为周文会皱一皱眉，他却宠溺地摸摸她的头，轻轻说了一句"好"。

后来，我问周文和她在一起会不会很累。他摇摇头，说她想说什么便说什么，想做什么便做什么，她很真实，受了委屈会和我说，遇到困难也会找我帮忙。我爱她，愿意和她一起生活，不累。

看起来作的姑娘得到幸福，并不是偶然。无论是发脾气，还是作天作地，都是她们用来表达自己真实意愿的一种方式。她们不会一味地忍让与迁就，让自己憋到内伤。

这个世界并不总是展现出友好的一面，也不是所有人都能幸运地爱到地久天长，与其为了一个男人委屈自己憋到内伤，不如不要去管最后能不能走到一起，任性一点，开开心心地做自由而独立的自己，爱一天便有一天的真实。日复一日，将这真实串联成地久天长。

## 有些不幸,是你强加给自己的

　　一位老师问他的学生长大后想做什么。学生没有一点犹豫,笃定地回答:"快乐的人。"老师有一点生气,斥责学生没有理解问题,学生并没有辩解,而是告诉老师,是他不懂人生。

　　这位学生,是英国摇滚乐队"披头士"的成员之一约翰·列侬。他的音乐没有国界,理想主义的美好画面点亮了这个世界的每一个角落,在浩瀚的宇宙中,一颗叫作列侬的星星承载了人们对他的缅怀与敬仰。有人说生活不是糖果,最好的状态是懂得苦中作乐,许多美好的结果,都有一个令人难以承受的过程。或许,来源于生活中的一切快乐,都是我们与外界和自己不断谈判、妥协的过程,这个过程,艰辛且痛苦。

　　塞尔玛与丈夫生活在沙漠中的陆军基地。

　　酷热难耐的天气十分折磨人,比天气更折磨人的,是像黄沙一样一眼望不到边的孤寂。每天,塞尔玛的丈夫忙于军队中的工作，她一个人在空空荡荡的小房子里等待他回家。一个人吃饭，一个人等天黑。有时，她也会出门走一走，尝试和当地人聊天。但这使她更加沮丧——由于语言不通，她没有办法和周围的陌生人交流，觉得一切都糟透了。

于是，塞尔玛给父亲写了一封信，将自己的不开心诉诸笔端，说想要抛开一切回到家乡。

不久后，她收到回信。父亲希望她不要悲观，不要被沙漠中艰难的生活条件蒙蔽双眼，为了让她断绝回家的念头，父亲还告诉她沙漠的星空有着地球任何地方都无法比拟的美。

没有退路的塞尔玛只好继续在沙漠中的生活。当一个人开始努力去适应生活的时候，生活也会赠她以惊喜。塞尔玛渐渐学会了当地人的语言，与之前的简单交流不一样，这一次，她更愿意与他们成为朋友。他们接受了她的友好，送给她客人们买不到的纺织品和陶器。她的生活不再孤单，沙漠的风景也不再令她感到不安。

塞尔玛发现，沙漠中的生物格外迷人。仙人掌锋利的刺，是沙漠记忆的伏笔，引领她不断探索这片地方的过去与未来：苍凉荒漠，每一个日出都令人感到欣喜，夜晚满眼的星星也有着致命的魅力。白天，她意外地在单调的景色中找到了海螺壳，原来，在十几万年以前，她脚下的这片荒漠曾是流动不息的蓝色海洋，孕育了无数生命……

在探索与发现的征途中，塞尔玛被沙漠的奇妙深深地吸引住了。为了让更多的人了解到这种与众不同的风景，她将她在沙漠中感受到的一切书写下来。很快，这本书便出版了。在书中，人们不但看到了一个孤寂又生机勃勃的沙漠，也看到了一个即使在地球上最荒凉的地方，也能知足而快乐的女人。

我们无法改变环境，但知足会使我们感恩、会使我们快乐。阿信唱："天上的星星笑地上的人，总是不能懂，不能觉得足够。"如果乐观可以帮助我们以淡定的心态追逐梦想，知足则可以帮助我们保持良好的心态，无论在什么情况下，都热爱这个世界。

《西游记》中，孙悟空在太上老君的丹炉里烧了七七四十九日，受尽煎熬地活着，烧出了一双别人没有的火眼金睛，从此洞明世事、心底清明。最难的环境，也不能阻止我们成长，唯有知足，才能让我们在困境中百折不挠，相信世界美好，未来明亮。

泰戈尔说："我们把世界看错了，反说它欺骗我们。"又说，"我们热爱这个世界时，才真正活在这世界上。"或许，有些不幸，只是我们强加给自己的。大多数时候，我们所能感到的不幸，只是大脑和我们开的玩笑——它总是喜欢先让我们感受到失去的东西，而不是已经得到的东西。但这个世界最残忍的地方，莫过于它总是先慷慨地赐予，再凶狠地剥夺。知足，是有原则与底线地适应这个世界，也是成为一个快乐的人的不二法则。

我们被家人牵挂、被朋友思念，就算没有被喜欢的人放在心上、就算我们所处的环境不尽如人意，每天出门的时候，我们也拥有与身边的人一样的蓝天与白云，可以与他们听到同样的鸟鸣声。珍惜我们所拥有的，是一份值得赞颂的勇敢，也是生命的意义。

这个世界上的许多人，包括我们自己，犯的最大的错误是希望这个世界像PS后的照片一样美好。这份不清醒的期冀，让我们害怕承认许多不够好的现状，是由于我们自身无法达到某个高度，从而拒绝看清自我性格的缺陷，甚至固执地认为那些善意的鼓励与开导的真心话，只是由于他人的打击。

接受这个世界与自我的不完美，并不是一种不幸，岁月不只是用来让我们老去的计时器，也是用来冶炼我们生命的琥珀。不完美的生活，是不能事事如愿，也是不能与喜欢的人并肩前行。但所有的一切，或许只是为了让我们更加珍惜此刻所拥有的才存在。

生活已经如此浮躁，知足的人，不会不幸。

## 用同样的标准要求自己,你是否做得到

不久前,许多人的朋友圈被"左先生右先生"刷屏。

左先生颜值高,符合当下女性对"小鲜肉"的一切定义,右先生则是容貌不尽如人意的中年大叔。在恋爱中,左先生从未放弃过对女朋友的鼓励,无论她遭遇了什么样的打击与挫折,他都会说"加油";而右先生则会去做一些实实在在的事情,去关怀并照顾自己的女朋友。转发的人大多是对现状不太满意的姑娘,那句"要和左先生谈恋爱,但一定要嫁给右先生"不知戳中了多少姑娘的痛点。

恋爱,承载了我们对爱情的所有期待,希望身边的他是自己真心喜欢的那个人,也希望他是真心喜欢自己的,刚刚好的爱情不只是旺盛的荷尔蒙分泌,更是一份深情的允诺与敬重。婚姻,则容纳了我们对未来无数个日夜的所有期待,婚姻可以是爱情,但不仅仅是爱情,婚姻是与一个同样相信爱情的人,度过每一个温柔的夜晚，风雨与共，担当同行。但扪心自问，当我们在左先生与右先生之间犹豫不决，既想要男朋友颜值高，又想让男朋友足够贴心的时候，自己是否达到了温柔貌美、贤良淑惠的标准呢？

好的人、好的事，必须以同样好的人、好的事相配，同理，以什么标准要求他人，自己必须做得到，否则，便会陷入"左先生右先生"的纠结怪圈中，欲求不满。这个道理看似简单，懂的人却并不算多。双标，像是一种流行性疾病，肆虐在每一个有人类活动的场景中。

过年时，我陪我妈去超市，排队结账时，站在我们前面的两个人一直在说自家的孩子。一个说，"我们家孩子期末考得不错，得了90多分"；另一个说，"你家孩子那么聪明，怎么没考100分？我们家孩子没那么聪明，物理都及格了"。即使我和这个人隔着一个人的距离，也能听出她语气里满满的得意。

明明都是同样年纪的孩子，为什么聪明的理所当然要考高分，而不聪明的只要及格就好？如果这种标准有理有据，那么为什么不聪明的孩子没有进入弱智学校学习，而是和聪明的孩子在同一所学校接受同样难度的教育？假如以两个孩子的努力程度来衡量考试分数的高下，是否可以说，"我家孩子没那么努力都考了90多分，你家孩子那么努力怎么才考了及格分呢"。

只站在自己的角度看待事物与问题，是不可能对一件事情产生客观而理智判断结果的。幸好那位聪明孩子的妈妈没有想着怼回去，而是一笑置之，结束了这个尴尬的话题。我想，大概是她意识到了"双标"的问题，想聊一些让彼此高兴的事情吧。

但是，在生活中，许多人并不会像那位聪明孩子的妈妈一样去避免"双标"。许多人说"这个人很好啊"，其实是说"符合我的标准才是真的好"；说"那个人真是差劲儿啊"，潜台词是"他的做法一点也不符合我的标准"。说医生态度不好的病患，有机会成为医生以后，也许会"说病人这么多，要求医生态度好简直是无理取闹"；喜欢一个男生的时候，把他夸上天，觉得接近他的女孩子都怀着不可告人的目的，而喜欢一个有女朋友的男生以后，也许会说"只要没结婚，大家都是自由的，没有什么不可以"……

人类的情感有太多厘不清的因素，趋利避害、抱团取暖是人类的本能，但是，用自己的期望去绑架他人的生活与言行，并不是一件有道德的事情。用同样的标准要求自己，你是否做得到？

人，永远无法替代另一个人活，即使两个人的关系再亲密、生活环境再相似，也无法深刻而清晰地感知他人的生活。我们自己能够做到的事情，对他人来说，也许有些困难，同样，我们不容易做到的事情，也许他人可以很轻易地做好。清代魏禧在《日录里言》中写道："人所必不能者，不敢以强人。"事实上，那些站在高处的成功者，往往对他人没有任何要求。与其寄望于他人是否达到某一个标准，不如努力修炼不够完美的自己。

元代散曲家张养浩写："不可以律己之律律人。"即是告诫世人不要以同样的标准去要求别人。尊重他人的生活方式与道德底线，不以自己的行为准则和道德标准去要求别人，自己做好自己的事情，便是乐事一桩。何况，能够与生活中喜欢的人成为朋友，本身就是一件快乐的事情，何必用标准来设限？

## 没有人有义务去懂你

常常听人说,"朋友和我观点不同,身边的人都不懂我"。说这话的人明显心情很差,人们往往也很能理解——这种因为不被在乎的人所理解的失落感,我们都深有体会。因为,我们都是这个世界中孤独的个体,希望自己被懂得、被理解,进而被认同,是人类共同的情感需求。

但是,即使关系再亲近的人,也没有义务去懂你。

如果你曾路过姑娘们的下午茶聚会,你就可能听到过这种对话。

"前几天,我看上了一件改良版汉服。可是,男朋友说我穿着不好看,也就没买了。"

"我喜欢买饰品。看上一款发簪,男朋友倒是说我戴着挺好看,可价钱太贵了,略一犹豫,也是没有买成。"

"你男朋友肯定舍得给你买。说起来啊,我男朋友已经好久没有送过我礼物了。"

"我男朋友只是看起来大方,其实是不当家不知柴米油盐贵。现在,他连我们是哪一天在一起的都忘记了。"

……

大多数时候,女人之间的闲聊扯淡,不过是各自寒暄,说着自己生活中的不如意。许多心里的苦闷,明明堆积在心中如同拂不去的尘埃,说出来的那个瞬间,却意外地觉得清爽了许多。这就是说与不说的区别。

所以,如果你想让他人懂得你,便要做那个首先开口去沟通的人。世界上有那么多人,如果人人都能懂你,微博上那句"世界上最难得的,便是遇到一个懂你的人"的转发量也就不会那么高了。

电影《钢琴课》讲述了一个女人的爱情故事。爱达的语言表达能力很差,她所有的情感与诉求,只能通过弹奏钢琴来表达。丈夫死后,她带着女儿远嫁到新西兰。在大洋彼岸迎接她的,是一个陌生的环境和一段全新的生活。

爱达要嫁的那个人,叫斯图尔特,是当地的一个殖民者。他有教养,能够给予爱达一份富足的生活,对于再嫁的爱达,可能是最好的选择。但从她的表情来看,她对这段婚姻生活并没有新婚女子应有的那份憧憬——当她抵达新西兰海滩时,斯图尔特见钢琴笨重,便想将它搁置在海滩上,任它自生自灭。从此,爱达的心被铠甲深深地包裹住了，只有在海滩上弹奏钢琴的时候，她才能一点一点把自己的心从厚重的铠甲中释放出来，尽情宣泄着对情感的种种不满。

这个世界的美好之处在于，只要我们肯表达自己对情感和生活的诉求，无论是什么样的方式，是歇斯底里地怒吼、温柔婉转地倾诉，还是像爱达一样，在大海边"自言自语"，一定有人可以听得到、听得懂。而听懂爱达的琴声的，是她的邻居贝因。他用八十亩土地作为代价，从斯图尔特手中换来爱达心爱的钢琴，并请她每天到他家中，教他弹奏钢琴。

爱情，是两个人不断深入了解的过程。贝因与爱达在日复一日的相处中，通过美妙的钢琴曲对彼此的内心有了更加深入的了解。当他们懂得了对方的时候，他们再也不能接受彼此分离的命运，最终，爱达决定忠于爱情，离开斯图尔特。

与不懂自己的人相处很累，你的委屈、你的想法，甚至于你隐藏在一份小礼物里面的心思，在不懂你的眼中往往只是微不足道的敏感和自卑。这个世界有许许多多的人，为什么偏偏是你得不到希望的肯定与认同？

鲁迅说，一部《红楼梦》，单是命意，就因读者的眼光而有种种：经学家看见《易》，道学家看见淫，才子看见缠绵，革命家看见排满，流言家看见宫闱秘事……李开复曾在写给女儿的信中坦言，他总是站在女儿对方辩友那一方与她展开辩论，是希望她可以明白，看待一个问题的角度是多种多样的。

你看，所谓共鸣，其实是一件奢侈的事情。表达，是唯一让他人懂得你的方式。如果你不说，他人便很难懂得你的心意、你的立场。

学会表达，是一个人成熟的标志之一。表达，并不是迫切地想要获得他人的理解与同情，也不是像个孩子一样委屈到只说了一半就忍不住痛哭流涕，而是勇敢又坦然地将自己的想法告诉他人，然后，卸下心头的重担，继续前行，懂与不懂，都是他人的事情。

说起来，这个世界上最难得的，并不是找到一个能够懂得我们的人，而是无论在什么情况下，都懂得自己的人。当你懂得了自己，明确地知道自己想要的是什么，无论是富足有趣的生活，还是温柔缱绻的情爱，都会从心底生出对未来的期待、对自我的规划。这时，你便不会再奢求他人的懂得，只想慢慢地走好属于自己的路。

愿你在漫长的岁月中，更加勇敢、更加坚强。依从自己的心，与喜欢的人说坦诚的话、与心爱的人相互了解，携手前行。

## 你过分赞美的样子并不好看

　　心理学家将此归因于谄媚效应，即人们通常会愿意相信让自己看起来充满正能量的事情。在我们与人们打交道的过程中，无论是共事，还是吃饭、聊天，比起消极的人，我们更愿意和能够让我们感受到正能量的人在一起。这也是由于谄媚效应。

　　所谓正能量，除了自己要努力拼搏，也包括不吝于对他人赞美。赞美，是对一个人的鼓励与期望，可以使一个脆弱的梦想在即将毁灭的瞬间重新获得飞翔的能量。有时候，我们清醒地知道自己做得不够完美，却仍然可以因为一句赞美的话而开心不已。

　　每当这种时候，我总愿意相信，如果这个世界上当真存在守护者，那么守护者一定是懂得赞美的人。

　　可惜，时光奔流，人来人往，我见到了许许多多的人，懂得赞美的人却不多。

同事 A 肤白貌美且有大长腿，根据"好看的人运气总不会太差"的定理，她在公司人缘也很好。但是，她并没有一个可以敞开心扉痛快说话的朋友。

究其原因，我想大概就是因为她不懂得赞美吧——不是吝啬赞美，而是过分赞美。她赞美人的时候，既有《甄嬛传》里祺嫔对皇后百般讨好的模样，也有母亲和邻居夸赞自己家孩子时的表情，一点也不好看。

对于这样的赞美，大家心知肚明，并不说破。然而，有时她的赞美实在令人觉得难堪。

同事 B 叹息，说甲方让她改项目策划方案，这已经是第 N 版了，她故作吃惊，说开会的时候，你做的方案阐述很好呀！根本就用不着修改。然而项目组的同事都清清楚楚地记得，当时的方案阐述是临时抱佛脚的成果，纰漏实在是多。

同事 C 设计了一版宣传海报，发给大家看，请大家提出修改建议。有人说颜色太显眼，logo 看上去不那么醒目，有人说风格不适合甲方的品牌定位，A 看了看，说，"哎呀！简直太棒了"。我们面面相觑，不知如何接话——A 自己本身也是设计出身，她不会看不出这一版的纰漏，更何况，前几天她刚刚吐槽 C 的设计风格太花哨。

我们当然愿意相信 A 是出于好意，她想以赞美的方式去鼓励每一个努力工作的人。但是，如果一个人有好意，就应当不要让这份好意被浪费,甚至于被他人曲解,否则再多的好意也是白搭。

一个觉得自己长得不好看的小姑娘,总是低着头走在路上。一天,她鼓起勇气到商场去买了一个蝴蝶结发夹。导购帮她梳好头发,别上新买的蝴蝶结发夹,说"你的头发又长又柔顺,戴上这款发夹可真好看"。小姑娘大吃一惊,很高兴,这是她从小到大第一次听到有人夸她好看。

小朋友总是乐于炫耀自己,希望得到更多的夸奖。从商场回家的路上,小姑娘抬起头蹦蹦跳跳,试图吸引路人的注意。回到家,她连忙跑到妈妈面前,让妈妈看她有没有什么变化。妈妈仔细看了看,并没有发现什么。她有一点着急,让妈妈再仔细看一看,还把妈妈拉到了镜子前。妈妈看了看镜子里的女儿,又看了看站在她面前的女儿,仍然没有发现什么变化。小姑娘沮丧地说:"我刚刚到商场买了一个蝴蝶结发夹啊!导购阿姨给我别在头发上了,她还说好看。我一路蹦蹦跳跳地回了家,觉得路人看我的眼神都不一样了呢!"妈妈看了看女儿的头发,和平常并没有什么区别。她想,大概是女儿回家的时候太开心,蝴蝶结被甩掉了,便说:"是啊,妈妈没有发现,今天你比平常更漂亮了呢!"小姑娘心里欢喜,笑着去摸头发,想把蝴蝶结取下来给妈妈戴上,却发现蝴蝶结已经不在自己的头上了……

结果可想而知,小姑娘伤心地哭了很久。你看,过分的赞美比欺骗更让人难过。然而，更让我觉得难过的是，很多时候，人们可以分辨出哪句话是过度的赞美，哪句话是由衷的赞美，但为了融入到某个团队或者环境中，不得不去对不值得赞美的人和事情说那些自己都险些信以为真的恭维话。

从谄媚效应来看，赞美的确可以拉近我们与一个人的距离。由衷夸赞一个人的时候，人类的语言仿佛成了灵丹妙药，让人们感受到来自另一个人心中的正能量，从而重新鼓起勇气或者更加有信心面对以后的生活，还可以迅速拉近两个人的距离。

这个世界已经足够喧哗，只有当我们安静下来，才会懂得赞美应当怎样说出口。赞美不是阿谀奉承、不是过度吹捧，更不是我们放低姿态假意对一个人或者一群人示好的方式。对喜欢的人说赞美的话，是女性展现自身修养的美丽途径，对不值得称赞的人说赞美的话，则会让女性十分难堪，失去应有的体面与尊严。

无须用力赞美，我们如此努力地适应这个世界，不是为了去称颂，而是为了被爱、被厚待。

## 果断地拒绝别人,是对自己的最大温柔

公司新来了一个同事,年纪很轻,看上去像个高中生。我同她打趣,说:"你不会是还没成年就来上班了吧?"姑娘有点腼腆,红着脸说:"我都20岁了。"

20岁,应该是女孩子读大学、谈恋爱的好时光,没有什么好担忧,也没有什么不快乐可以持续很久。我不知道这姑娘遭遇了什么样的事情,使得她不得不没有读完大学就出来工作,但她知书达理,性情很好,工作认真负责,我很喜欢她,是有一点心疼的那种喜欢。

并不是因为她在本应当尽情快乐的年纪步入职场,而没有直面人生的艰难险阻,我才对她生出了一点心疼,而是因为她做的许多事情,本身就让人心疼。

她来的第二天,我们组的人就再也不用担心早上吃不到早点了。A 让她帮忙带份早点，她特地早起去买，又觉得如果不给组里每一个同事都带上一份，就缺了礼数，于是便帮我们每个人都买了早点，放到工位上。

而且，一买就是一个月。

原本我们中午吃饭是 AA 制，谁有钱谁先付，吃完回去再如数还上。那时还没有微信、支付宝付款，谁的现金够，谁就先付。自从她来了，只要赶上该她就付钱，总有不那么自觉的人回去以后不还她钱，在 QQ 上悄悄跟她说："先攒着，等发了工资，我一并给你。"

可真的等到发了工资，欠钱的人早就故意把这事儿忘得干干净净的。她倒也不恼，再到一起吃饭的时候，只要身上的钱够，仍旧做出钱的那个。

都说大方的人人缘好。这姑娘人缘的确是好，谁手头有做不完的工作，或者懒得做的小事，都会找她帮忙。她一概来者不拒，常常为了帮别人而加班。

半年以后，姑娘辞职了。辞职那天，她请我吃饭，可能因为喝了一点酒，她说了许多平时没有说出口的话。她说她觉得很累，没有工作前，觉得人生最累的事情是家中的琐事，现在想一想，其实只要不上学就能帮家里减轻负担、供弟弟一个人读书，但工作以后，事情简直多得做不完，再没有时间去看喜欢的书、去想去的地方玩了。

姑娘说这些话的时候，一脸疲惫，脸上有许多因为熬夜长出的痘痘。

我本来想说是她的错，但想了想，终究没忍心说出口。

她退学，并不是什么大错。每个人都有自己的选择，孤独而努力地走在自己选择的道路上。她的错，在于不会拒绝别人。

这是我们每一个人行走在这个世界上的必修课。

许多时候，我们觉得疲惫不堪，或者焦躁不已，很可能只是由于不会拒绝。不会拒绝，意味着他人会不断对我们提出各种要求，越来越多、越来越过分。慢慢地，我们需要操心的事情就会越来越多。有人说职场没朋友，我并不这么认为。职场，是人的职场，有人的地方就讲情分，有情分在就可以做朋友。可是，工作这件事情是没有情分可讲的，一味地当老好人只会让我们像不会拒绝的姑娘一样吃力不讨好、劳心劳力，最后只好辞职，远远躲开。

不会拒绝，也意味着我们不敢、不能表达自己真实的感受。为什么不愿意答应别人的要求，却不好意思拒绝呢？我们辛辛苦苦读了那么多年的书，学习各种让自己增值的技能，好不容易站到了职场中，为什么要委屈自己去答应别人呢？

也许你想尽可能多地去帮助别人。但你要知道，帮助一个人做一些事情，会消耗本应属于你自己的时间，并且可能会使那个人对你产生依赖，从而阻碍他成长，在一段时间内不会处理相同的问题。

也许你不想成为人们口中那个不懂礼貌的人,希望在与人们的交往中表现出随和的一面。但说"不"并不代表你不是一个懂礼貌的人,你可能因为拒绝而激怒一个人,甚至因此而产生一次人际交往中的冲突,但一味地顺从、保全他人的颜面,只会让你不开心。

我看到许多姑娘,因为不好意思拒绝人而在职场吃了很多亏。她们往往在感情上也不顺心,因为不懂得拒绝,对喜欢的人一味顺从,导致自己像妈妈一样操心劳神,被分手的理由也往往是"我觉得我们不太合适"这种欲盖弥彰的变心借口。

叔本华说:"我们不能太过迁就和顺从任何人,人们尤其不能忍受别人需要他们。一旦认定别人需要他们,必然的结果就是他们将变得傲慢、无礼。我们在与人交往时能够拥有优势全在于我们对对方没有要求,不用依靠他们,并让他们清楚这一点。"

无论在职场,还是在情场,我们都应当学会冷静地坚持,坚持自己的底线与原则,帮助该帮助的人,拒绝不值得帮助的事情。这既是维护自己的权益,也是获得他人尊重的一种方式。更多的时候,拒绝也是一种底气——我不怕得罪任何人,因为我已经足够努力,我的努力不需要依附谁,更不需要看谁的脸色。

## 坚强使你成为你喜欢的样子

1872年,一个年轻的姑娘从香港远渡旧金山。

她并不是去谋生,而是不得不去。不久以前,她被父母以2500美金的价格卖给别人为奴。她叫波莉。没错,就是克里斯托弗·科比特在《扑克新娘》中开篇就写到的那个中国姑娘,波莉。

事实上,她的名字叫拉鲁·纳顺,是来自东北中蒙边境的少数民族姑娘。她初次踏上美国的土地时,不知谁喊了一句"波莉来了"。从此,她便被人们唤为波莉。

当时,整个世界战乱纷飞,美国加州因"淘金热"吸引了无数失去家园的苦难者与热血的冒险家,人们纷纷来到这片掩埋了无数黄金的土地上,期望能够开启一段好运的时光。但是,在这片被许多人寄予无限希望的土地上,华人的日子并不好过。严歌苓在小说《扶桑》中,描述过这段时光,那里的工作环境非常恶劣,而且薪酬很低,然而一向吃苦耐劳的华人仍然修建好太平洋铁路中最难修建的路段。这段铁路被称为"内华达山上的长城",为了完成修建工作,一些华人甚至死在这里。并不是不爱惜生命,只是在一些不得已的时候,死是难以言说的解脱。此后,华人为了活下来,以更加低廉的薪酬投入工作,除了采矿,他们还会做洗衣服、搬运等原本属于白人的工作,从而引发了大规模的排华。

波莉就是在这种背景下,以奴隶的身份来到了美国。她随主人一起生活在沃伦镇,这里地处美国边境,十分荒凉。镇子上的酒吧是这里最热闹的地方,许多白人和华人在这里饮酒作乐。酒吧的老板叫洪金,他便是波莉的主人。波莉在这里几乎负责所有的工作:制作食物、打扫卫生、端咖啡、陪客人跳舞……

波莉不得不坚强起来——只有让自己变得更有力量,才能在异国他乡活下去。

说起来,洪金并不是镇子上唯一一个拥有酒吧的老板,贝米斯也开了一家酒吧。一次,贝米斯与洪金玩起了扑克赌博。这是一场纯粹的赌博,不带有一丝克敌制胜的企图。洪金一时兴起,以波莉为赌注,而赢的人,是贝米斯。

坚强使波莉撑过了人生中最难熬的一段时光,也使她幸运地被爱情垂青,她与贝米斯相爱了。然而童话般完美的幸福,没有融化波莉修炼得足够坚强的心,她并没有与贝米斯一起生活。坚强独立的波莉,经营了一家寄宿公寓,一边为旷工洗衣服,一边用中医治疗简单的疾病，时间长了，人们都喜欢到她的公寓做客，称赞她是勤劳善良的女性。

贝米斯对波莉越发爱重，两人相濡以沫生活了许多年。1892年，排华运动更加激烈，没有身份注册的华人将被遣返回国。为了让波莉留在身边，贝米斯与她结婚了。两年后，43岁的波莉顺利地拿到了美国居留证。婚礼后，两人在河边找到一处好地方，定居下来，过上了与世无争的惬意生活。

在这里，波莉度过了一生中最安稳平和的时光。1922年，贝米斯葬身火海，离开人世，波莉重新开始了一个人在异国他乡的生活。朋友们帮她在河边搭建了新的木屋，在这栋木屋里，她用坚强去抵御并驱逐着内心的伤痛。她也曾走出木屋，乘坐汽车去找寻早年认识的朋友，路途中，波莉看电影、看鹦鹉，乐观又坚强的样子被人们称为"现代的瑞普·凡·温克"。

纵观波莉的一生，与其说她是因为生存环境的变故而不得不令自己一直坚强，不如说是坚强，使她拥有了磨砺自我的能力，在日复一日的磨砺中，最终蜕变成一颗莹润饱满的珍珠。

在电影《天使爱美丽》中，艾米莉在年幼时被父亲误诊为心脏病，她不能再去上学，只能在孤独中成长。没多久，她又失去了母亲。从此，艾米莉与父亲相依为命，希望快一点长大，离开死气沉沉的家。5年后，她终于得偿所愿，在一个陌生的地方做餐厅服务员谋生。她始终孤僻，也始终坚强地一个人生活，尽可能地去帮助人们实现自己的愿望。经过一系列的波折后，艾米莉终于收获了属于自己的爱情，从此不再孤单。

她与生活，一起成了自己喜欢的样子。

艾米莉是平凡的，我们身上或多或少都能找到她的影子，但却很少有人能像她一样，无论在什么样的环境中，始终坚强，并且努力让他人感到安全。没有人会否认，在艾米莉坚强的外表下，有一颗脆弱而敏感的心，但她懂得坚强的意义，对坚强有一种充沛的坚持，因此她没有像麦子那样孤单地自生自灭，而是找到了与她一同，在这颗蓝色星球上共同成长的另一半。

生活可能厚待我们，也可能薄待我们，但人生所有的时间，都是未曾虚度的好时光。只要坚强，必定会留下成长的痕迹，最终使我们变成自己喜欢的样子。摔了跟头，爬起来，掸去身上的浮土，前方依然有夺目的光芒。

## 世界如此聒噪，淡定方能快乐

有人做过一个实验，让模特 A 和模特 B 戴上相同的面具站在观众面前，请观众在"喜欢 A""喜欢 B"和"都不喜欢"三个选项中做出选择。

主办方统计结果后，发现大部分观众选择了"都不喜欢"，原因在于面具——两个模特戴的面具不但一模一样，而且没有任何表情，从而导致观众无法判断自己更喜欢哪一个。

此后，主办方摘下了模特 A 和模特 B 的面具，让他们做出不同的表情并配以相应的肢体语言。模特 A 冷漠无情，昂起头看着台下的观众，模特 B 则始终面带微笑。选项还是原来的三个："喜欢 A""喜欢 B"和"都不喜欢"。这一次，几乎所有观众都选择了"喜欢 B"。如果微笑可以证明一个人是快乐的，那么这个结果则说明：快乐，永远不会使人失望；快乐的人，永远比冷漠的人更受欢迎。

世界如此聒噪，淡定方能快乐

世界聒噪，人声喧嚣，然而大多数的热闹与我们并无关系，窜进我们耳朵里，又砸在我们心上的，大多是令我们不快乐的事情。不快乐的人，喜欢快乐的人，也羡慕快乐的人。

不为房子、车子烦忧是快乐；与喜欢的人一起吃早餐是快乐；想买什么就买什么也是快乐……这个世界令人快乐的事情太多，当我们无法做到其中之一时，便会羡慕能够做到的人，进而不平衡，更加不快乐。

作家王朔曾写过一篇文章，叫《当我们羡慕别人时》，文中的保罗有真诚的笑容，总是穿戴得体，脾气好又有趣，被许多人羡慕："我们都很羡慕保罗，尤其当他穿着考究的西装坐在豪华的跑车上对我们微微一笑的时候。""保罗的钱不少，据说他的婚礼就花了几百万，一顿饭至少十万……""保罗特别喜欢旅游，足迹遍布这个星球……""保罗是如此完美，保罗的生活也是如此完美，我想我们注定要羡慕他，羡慕他一辈子……"但过着完美生活的完美保罗，却在家里用枪打爆了自己的头。

当我们羡慕一个人的时候，常常会忽视那个人的不如意，甚至认为那个人一定过着非常完美的生活。事实上，每个人都生活在同一个世界中，每个人都会有自己的不如意。而且，即使卑微如你我，也有快乐的权利。

杨绛先生写："唯有身处卑微的人，最有机缘看到世态人情的真相。一个人不想攀高就不怕下跌，也不用倾轧排挤，可以保其天真，成其自然，潜心一志完成自己能做的事。"羡慕一个人和这个人的生活，是最舒服的选择。淡然处世或努力拼搏都未必快乐，但如果一个人可以在努力拼搏的同时，学会淡然处世，一定会拥有美丽的笑容。"宠辱不惊，看庭前花开花落；去留无意，望天空云卷云舒"，这句话人人都知道，也向往成为这般淡定而快乐的人，却很少有人做得到。

俞敏洪曾经在黄河边打了一瓶子水，浑浊的黄河水在瓶子里沉淀了一段时间之后，他发现，泥沙上面的水看起来越来越清澈。他忽然感悟到了生命中的幸福与痛苦，只有当心安静下来，学会淡然处世，才会将那些让我们感到不快乐的事情沉淀下去，从而更加清楚地看到幸福。

淡定，并非放弃努力，而是有能力争取自己想要的一切，却不为结果所累，从而得以摒弃诸多无谓的烦恼，接纳自己、认同自己。淡定方能快乐。痛苦、浮躁和焦虑等心态犹如一双握在盛有黄河水的瓶子上的手，如果我们不能淡定地面对这个世界，总是不快乐，那双手便会不停地摇晃瓶子，使我们的生活混沌一片，不快乐的情绪也将主导我们的人生。

快乐的人未必拥有好看的容貌，但经过淡定的锤炼，快乐的人优雅而自信，具有让周围的人都开心起来的神奇力量。

20世纪女权主义创始人之一、法国存在主义作家西蒙娜·波伏娃说："我们不是生为女人，而是要做女人。"如今，我们不仅要做女人，还要做一个淡定、快乐的女人，痛快去拼，努力去笑。

## 第五章

### 安全感只能自己挣，别人给不了

> 除了我们自己，
> 没有人能真正让我们感到安全。
> 去成长吧，像初春的花朵那样，
> 努力向阳，也禁得起风霜雨雪。

## 只有成长,才会给我们安全感

有一段时间,我疯狂迷恋建筑的艺术。

建筑本身是冰冷而坚硬的存在。当阳光无声无息地穿透大大小小的彩绘玻璃窗,温暖每一块冰凉砖石的瞬间,我愿意相信这颗星球的包容与温暖无处不在,也更愿意相信,只有自己才能让自己感到安全。毕竟,连太阳也无法时时给予我们安全感。

当时,我在豆瓣关注了一个科普建筑的网友,她常常发些与建筑相关的知识帖,偶尔也会介绍她喜欢的建筑界名人,孟加拉的女性建筑师 Marina 便是其中之一。

在很多人的印象中,印度次大陆国家的女性地位不高,有时还会被歧视。而在孟加拉,女性拥有与男性同等的地位,可以接受良好的教育,无论出身贫穷还是富有,都有自由工作的权利。比起大部分朝九晚五的孟加拉女性,热爱建筑的 Marina 更乐于将一天 24 小时都投入到工作中去。

高中时期的 Marina 并没有什么远大的梦想，对未来也没有明确的职业规划。那时，在孟加拉接受高等教育，只能在医生、教师或者建筑师当中选择其中之一。Marina 不是学霸，学习建筑可能不是最好的选择，但这个选择对她有着十分重要的意义。她的人生，从她做出选择的那一刻开始，逐渐有了清晰而明确的规划。当一个人有了努力的方向，就会生出犹如磁铁般的能量，找寻并汲取一切可以提升自身价值的养分。与每一个为梦想而努力的人一样，Marina 的年华在忙忙碌碌中匆匆而逝。

也不完全如此。

Marina 有自己的想法，从学习建筑开始，她就坚守着自己的设计理念：回到原点去思考方案，认为只有这样才能寻找到有趣的东西。数年后，她获得了阿卡汉建筑奖，其获奖建筑达卡清真寺的建造时间长达十年。阿卡汉建筑奖评审会的评价是："这栋建筑运用优秀的通风和采光设计，让街区拥有了一个精神的避难所。"

人们说，在她的作品中，看到了路易斯·康的神光。而我，则从她的建筑中，感受到一种隐秘而盛大的仪式感，仿佛看到一个人奋力让自己发光发热，如同太阳一样温暖着建筑里的每一块砖石。

有人说，让自己具备价值，变得强大，才会让自己有安全感。

Marina 和她的建筑让我觉得，所谓安全感，真的像知乎网友说的一样——感到身心健康和生活不会受到干扰与威胁。一个在建筑界打拼的女性，能够数年如一日地成长，除了具有强大的信念，本身也一定具有能够给予自己安全感的能力。在一次采访中，她谈到了"物质的支持"。我想，她的安全感并非来源于外界，无论是物质还是他人，所起到的作用都仅仅只是支持，而非全部。

不久前，我看了一篇关于综艺节目的报道。在这个综艺节目中，两位女嘉宾就安全感聊了很多。一个女嘉宾不能忍受另一半消失不见，这令她没有安全感，如果另一半能够做到秒回信息则会让她感到很安全；另一个女嘉宾则完全相反，她认为安全感源于自身，只有自己才能够给予自己安全感。

这个女嘉宾，是张柏芝。

早年间，曾有网红爆料称张柏芝联系不到谢霆锋的时候会将谢霆锋的手机打到没电，还会哭着给谢霆锋身边的工作人员打电话问"他在干吗"。我不知道这个爆料是否属实，但无论真假，经历了离婚等一系列事情之后，当张柏芝淡然地说出"安全感是自己给予自己"的这句话时，她必定已经明白，在感情中，别人给予的安全感，总是来得快、走得急。

如今，关于她的新闻，大多与她的孩子有关。她的慈母形象已经深入人心，在路人拍的她和孩子们玩乐的照片中，她仍旧笑靥如花，仿佛曾经在感情中所经历的一切伤害只是她的世界中盛放过的烟花，在痛苦中绽放，最终消失不见。

虽然关于她的感情八卦新闻几乎没有，但她一定会幸福。因为，如今已经没有任何人能令她的世界轰然坍塌，她给予自己的安全感，是她为自己修筑的最高大的城墙。

无论是物质，还是情感，建立在他人身上的依赖都不保险。爱情不是女人的避风港，婚姻也不是女人的终生保障。否则，当我们所依赖的人离开，我们就会陷入绝境。有人说爱情使人永葆青春，但事实上，唯有成长才能让生命焕发出生生不息的活力。

有的女孩，一到 25 岁就如临大敌，担心自己年华老去。不知她们看了 Phyllis Sues 的故事会有什么感想。

Phyllis Sues 出生于 20 世纪 20 年代，曾在美国空军服役。海湾战争期间，她曾担任运输机机务长一职。当时，她已经不再年轻，并且，这只是开始。

50 岁时，Phyllis Sues 忙于创立时装品牌；70 多岁时，Phyllis Sues 在学习意大利语和发音，还成了作曲家；80 岁时，Phyllis Sues 在荡秋千，并从不断的荡漾中获得灵感，创作了第一首歌 *Free Phyllis Fall*；85 岁以后，Phyllis Sues 又有了新的爱好——瑜伽。

成长，无论什么时候开始都不晚，时光会带走我们年轻的容颜，成长则会让生命更新变化、永不停息，这是上天对人类的恩赐与厚待。贪恋他人给我们带来的安全感，要么会受制于人，要么会永远无法成长起来。我们可以一辈子不成功，但不可以故步自封、不去成长。世界瞬息万变，有人会阻碍我们成功，却没有人能阻止我们去成长，去成为自己最稳固的依靠。

　　这个世界足够现实，止足不前的人只会听到人们从身边路过的脚步声和呼啸的风雨声，内心焦灼不安。不断成长，是人类建立安全感的唯一方式，也是人类证明自身存在的方式之一。有梦想，敢于为事业拼搏并且经济独立的女人，不会成为他人的负累，也不需要仰视任何人，坦坦荡荡过自己的洒脱生活。

## 压力再大,也请守护内心的平静

电影《等风来》中,就人类生存的谜题给出了一点启示:慢些走,等风来。风来了,铃铛响了,迷路的我们也就找到了回家的路。

每个人都想成为更好的自己,有想要实现的梦想,也有想要守护的人。跑道只有一条,我们身边密密麻麻全是实力强劲的竞争者,就算全力以赴地奔跑,也总是不停被人追赶、被人超越。渐渐地,我们眼前的风景迷失在曲折的长廊或者一扇扇不知通往何处的大门中,尽管身心已经非常疲惫,我们仍不妥协,在强大的压力下,硬撑着继续奔跑。

这时,只有内心平静的人,才能找到正确的路。

小末终于结束了一天的工作,回到家已经疲惫不堪。妈妈为她准备了夜宵,一碗热汤面。本是一碗很普通的热汤面,小末看着妈妈洒在面条上的葱花,想起为了赶一份给甲方的方案,一天都没好好吃过东西，觉得很累。有一个瞬间，她甚至想躲到妈妈的怀里，再也不去面对总会接连不断出现问题的生活：无论是工作还是感情，每当小末觉得已经把问题妥当解决、松了一口气的时候，新的问题又出现了。

知女莫若母。她摸摸小末的头，起身去了厨房。不一会儿，又端了几样食物放到餐桌上。

小末瞅了瞅，托盘里的是她不喜欢吃的胡萝卜汤、煮鸡蛋和喜欢喝的咖啡。

她想了想，决定不伤害妈妈，装作已经吃饱，然后把咖啡端回自己屋，就着零食喝掉。"胡萝卜汤和煮鸡蛋您吃了吧，我吃饱啦！"她小心翼翼地说。

"别骗我啦！我知道你不喜欢吃胡萝卜和鸡蛋。做这三样，是想让你好好想想最近发生的事情。你长大了，有些事情妈妈可以帮你，但有些事情，就只能靠你自己了。"妈妈温和地说，用期待的眼神看着小末。

小末想了想，想不出个所以然，只好对妈妈摇摇头，说："哎呀，妈您别卖关子了，快跟我说说这三样食物有什么讲究。"

妈妈并不直接回答小末，而是直接问她："胡萝卜、鸡蛋和咖啡豆，哪个最大最坚硬？"

"当然是胡萝卜了。"小末说。

"嗯，对。"妈妈点点头，说，"可是呢，经过沸水的'折腾'后，它们的命运可就不一样了。你看，最容易被摔破的鸡蛋无论在多少度的沸水里，都尽力用脆弱的外壳保护自己的内脏，从而变得更加牢固；咖啡豆就更棒了，明明是沸水想要改变它，结果它却改变了沸水。反而最初那个最大最坚硬的胡萝卜啊，变得软软的，用筷子一戳就透。"

"是这么回事啊。"小末说，"我懂了，您希望我不要像胡萝卜那样，被压力打垮对不对？"

"还有啊！妈妈不求你像咖啡豆那样轰轰烈烈，做改变人生的英雄。只希望啊，你能够像鸡蛋一样，压力再大，也守护住内心的平静。"

著名先锋作家余华曾评价麦克尤恩的短篇小说为"锋利的刀片"，阅读的过程则是"用神经和情感去抚摸刀刃的过程"，最终"发现自己的神经和情感上留下了永久的划痕"。我想，如果不能守护内心的平静，那么我们所经历的压力便很难释放或排解。而终日为压力所累的人，往往越活越累，甚至失去前行的动力。

不仅如此，无法守护内心的平静，还可能会让我们与幸福失之交臂。诗人普希金也曾说过："世界上所有的幸福，都以内心的宁静作为基本特征。"

强大的压力，会让我们感到时间飞快地流逝。明明一个下午能做好多事情，却可能连一件事情也没做完……内心平静，不是在重压之下转身逃跑，向更容易到达的地方去奔跑。这是自暴自弃，而非守护自己的内心。内心平静，是一种可以让我们掌控生活节奏的方式。当我们能够从容面对压力、不再抱怨、不再彷徨不安、懂得感恩，并更加自信的时候，就达成了内心平静的状态。这时，我们会对梦想更加执着而努力，也会对不能强求的机缘放手。

保持内心平静之所以如此重要，是因为我们太容易迷途。韩松落说："人的灵魂、人格，起初只是一粒沙粒，我们负责往上包裹珍珠质，使之圆润光洁，一旦人生衰退停滞，那些珍珠质难免会剥落，让最初的沙粒显形。决定珍珠形状的，是最初的那个沙粒，决定人生退潮期形貌的，还是最初的那个沙粒。那个沙粒，叫自我。"保持内心的平静，也是保持自我的方式之一。

只有当心非常平静的时候，我们才有时间和精力去感受生活。我们仍然是在追逐梦想的，但当一个目标实现以后，我们不会再像以往那样马不停蹄地去实现下一个目标，而是会为自己留出一段空白的时光，去感受一个目标已经实现的成就感和幸福感。

停下来，是为了更加珍惜时光与已经拥有的物质。很多时候，我们感到压力很大，往往是因为缺少可供支配的时间或者金钱，而片刻的放松，就可以帮助我们转换心情，哪怕只是一段短短的茶歇时光。长尾智子在《早中晚茶》中写道："一手端着茶杯眺望窗外的景色，有时脑海中还会闪现一些被遗忘的记忆——没有固定的时间、自由、轻松，最放松的时光……"

　　春天来了桃花会开，冬天到了梅花会开，日月更迭，压力再大，也请守护好内心的平静，直到遇见幸福，实现梦想。

## 你总得为自己花点钱,才能卸下日常的武装

很多人说婚姻是女人生活的分水岭,这话好像有点道理。

我们身边大概都有这么几个朋友,相识多年,交情甚笃,婚后却仿佛变了一个人,让我们不得不怀疑之前认识的是不是假的她。

明明婚前过得舒服自在,十足的公主心、少女颜,发了工资赚了外快就会犒劳自己,换季还会疯狂"剁手":衣服、鞋子、包包、护肤品、彩妆、香水一样不少。逢年过节还会来一场说走就走的旅行,结了婚以后,从前那个精致优雅的姑娘便不见了,取而代之的是一个只知柴米油盐、不识新款爆款的贤惠主妇。

坦白说,贤惠主妇算是褒义词,客观地评价,应当是"糟糠妻"或者"黄脸婆"。让人哭笑不得的是,每当我们建议朋友对自己舍得一点,换来的往往是一句:"唉,你不结婚不知道，过日子到处都是用钱的地方，哪儿还有富余的钱给自己花啊，能省一点我和老公的日子就能好一点，往后要孩子压力也没那么大……"

女人，无论是否结婚，无论有没有孩子，都要舍得花钱让自己成为公主。每一个姑娘，都值得这些美好，很少有人天生就是公主，但想要成为公主也可以是普通女孩的梦想。女人的生命不是厨房的，财产不是家庭的，夜晚不是男人的，时间也不是孩子的。你的节省，只能说明你是个善良的好人，而非一个闪闪发光的公主。

从一个贫民区的孩子，成为拥有许多豪宅，并与温莎夫妇、美国前总统里根夫人南希关系很好的成功女性，雅诗·兰黛的一生无疑令许多人羡慕。成为美丽的公主，是许多少女的梦想，但极少有人像雅诗·兰黛一样，敢于耗尽一生时光来成全自己的一个公主梦。她与她一手创建的护肤品品牌 Estee Lauder、Lamer、Clinique、Origins、MAC 等已经成为传奇。曾有导演将她一生的经历拍成电影，以此纪念这个爱美到至死也不肯透露自己年龄的女性。

艺人小 S 刚结婚时，妈妈教导她，说想要抓住男人的心，就得抓住男人的胃。为此，小 S 向姐姐大 S 讨教如何做咖喱饭，并牢牢记在心里，准备回家做给老公吃。

但真正动手做咖喱饭的过程，却充满曲折：先是发现家里没有米，只能让老公买回来再做；好不容易流了好多眼泪切好洋葱，才想起咖喱被她忘在车子里，正是助理借用的那辆车……她再也忍不住，放声大哭起来。

然后呢？

然后，小S再也没进过厨房。她的理由是，人干吗要和自己过不去呢？既然不擅长下厨，那就不要下厨好了。把自己打扮得时尚、漂亮，穿好看的衣服、戴好看的首饰，高高兴兴地陪老公吃饭，两个人一样高兴啊。

据说在怀孕时，小S照样喝加冰的可乐和放糖的豆浆，如果偶尔喝一杯会出问题吗？不会！那为什么不喝？不喝的话自己会很不爽的！这个时时刻刻都不忘记爱自己的姑娘，尽管已经成为三个女孩的母亲，她笑起来的样子始终如少女般灿烂。

姑娘，舍得为自己花钱并不是铺张浪费。因为花钱这件事情，没有值不值得，只有愿不愿意，你赚钱不容易，花出去的每一分钱都要让自己高兴，如果连你自己都不肯花钱让自己高兴、都不肯爱你自己，如何吸引别人来爱你呢？

没有人不想遇见王子，如果你不舍得花钱让自己成为公主，怎么去吸引王子？千万别贪便宜，假的YSL只会让你遇到一个假王子。橱窗里正流行的衣服、专柜好评超高的护肤品，只要有条件，一样都不要放过。当你舍得为自己花钱，才有可能成为好看又有趣的公主，让喜欢的人注意到你。

定期去美容院，让自己容光焕发；空闲的时候去健身，让自己更有活力；或者在懒得做饭的时候，叫上闺密一起去吃喝玩乐……这些消费，不但可以让我们看起来更好，还可以让我们享受到生活的乐趣，卸下日常的武装，蜕变成温柔而优雅的女人。

## 不读书不足以让你了解人生

每天运动的人,短时间内别人看不出明显变化,过十年、二十年之后再看,别人便会发现他们与不运动的人在身材和精神状态上的明显差别。读书也是一样。读书的人与不读书的人,日久年深,终会成为不同的人——读书的人更加完整,不读书的人则不够圆满,或多或少会有些遗憾。

我们读过的书,如同幼时吃过的食物。虽然已经很难回忆起小时候吃过哪些食物,但那些食物已经实实在在地成为我们骨骼或是肌肉的一部分。我们读过的书,也会融进我们的人生。曾国藩说:"人之气质,由于天生,很难改变,唯读书则可以变其气质。古之精于相法者,并言读书可以变换骨相。"三毛说:"读书多了,容颜自然改变,许多时候,自己以为看过的书都成过眼烟云,其实它们仍潜伏在气质里、在谈吐上、在胸襟的无涯中。"我们的气质中,就藏着我们读过的书。

## 第五章

安全感只能自己挣，别人给不了

读书使人明智。我相信这句话并不是因为它曾被无数老师说过，而是因为朋友圈的一份资料。资料显示，目前世界上人均纪录阅读量最高的是犹太人，年人均阅读量为 64 本。一个喜爱阅读的民族，很难不优秀。据统计，自诺贝尔奖设立以来，犹太人囊获了约五分之一的诺贝尔化学奖、约四分之一的诺贝尔物理奖、约 27% 的诺贝尔生理学或医学奖、约五分之二的诺贝尔经济学奖、约 10% 的诺贝尔文学奖。同时，犹太人还获得了三分之一以上的普利策奖和奥斯卡奖。而根据统计数据，犹太人仅占世界人口比例的 0.3%。

读书可能不会让我们过上富有的生活，也不会优化我们的人生，但它会让我们感到真实而充盈，在每一个转角处拥有更多思考的空间和可以选择的未来。

知性而优雅的梁咏琪没有美到目下无尘，她没有像一些网红一样疯狂整容、依靠炒作绯闻博眼球。我想，这大概是因为她本身是一位喜欢读书的明星吧。她的知性是天性使然，是由内而外散发出来的气质。一路走来，她经历了情伤与事业的低谷，但她从未失控到疯癫，她不断为自己做着减法，在如戏的人生中，让生活简单下来。这种智慧，唯有与书相伴的女性才懂得。

婚后，梁咏琪的生活充实而幸福。丈夫 Sergio 为她在香港工作，混血女儿 Sofia 也十分可爱，像极了洋娃娃。她对女儿的期许是让小家伙养成读书的好习惯。这份简单的期望是她品味过酸甜苦辣后，给女儿指出的一条最安全的路。

卡夫卡写道："你活着的时候应付不了生活，就应该用一只手挡开点笼罩着你命运的绝望，同时，用另一只手记下你在废墟中看到的一切。"阅读大量书籍，是提高写作水平的方法之一，懂得写作、学会写作，便可以如实记录我们在人间的一切感受，为灵魂找一处可供安放的地方。周国平认为，丰富的心灵是人们快乐的源泉。让心灵丰富的途径分别是阅读好书和写日记。

和我们做着同一份工作的人，因为读书的多与寡，对每日重复的劳作有着不同的心境；与我们有着相似经历的人，因为读书的多与寡，在发生了诸多事情之后，会有不同的思考；与我们生活在同一种环境中的人，因为读书的多与寡，对生活会有不同的追求；读书与不读书，过的终究是两种人生。

与书对话，是同伟大的灵魂对话。我们来一趟人间，如果不体验与灵魂对话的乐趣，确是莫大的遗憾。许多人喜欢说："人丑就要多读书。"世界上并没有一本书读过以后，可以马上让人变美，或者马上为读者解决问题的事。但读书的过程，也是我们成长的过程，书中丰富有趣的知识，让我们有能力站在另一个视角看待并审视当下的人生，久而久之，人生便会更加完整，正如毕淑敏所说："多读书，眼界自然会更宽，人生也会更丰富、更自如。"

## 你的经济后盾不是男人,而是强制储蓄

电影《她比烟花寂寞》中,女星姚晶从16岁开始混娱乐圈。她演技精湛、没有绯闻,虽然被许多男人爱慕,却又无比孤寂,因为她曾经狠心抛弃了丈夫和女儿,还对同胞所遭受的苦难视而不见。如今事过境迁,她需要一个能够原谅她过去的所作所为的男人来共度一生。

然后,她嫁给了将门之后张先生。

心理学中,有一个情结叫"灰姑娘情结"。美国作家柯莱特·道林认为有这种情结的女性害怕与内心深处真正的自我对话,忽视自己的真实需求,一般会通过与男性的关系来定义自己。显然,姚晶便是具有"灰姑娘情结"的女性之一。

她以为张先生是拯救自己的王子。他有良好的家世、有体面的工作,可是他依然是个如假包换的花心"妈宝男"。不但不敢违逆母亲的意思,还有了"小三"——尽管当时他们居住的豪宅是由她支付房租，无论是经济上，还是情感上，她与张先生都是有名无实的夫妻，纵是如此，她仍然不舍得舍弃这段姻缘。

亦舒笔下的女子，各有各的幸与不幸。姚晶的幸事，在于她好看又能干，而她的不幸，也正源于此。她有一种顽固的聪明，骨子里滋养着"唯有依靠男人才能活得很好"的信念。

而事实是，在现实生活中，很少会有一个男人会驾着七彩祥云给女人一段安全而富足的人生。女性，要想过得好，终究还是要有一定的经济能力才能让自己过得好。否则，便是有了依靠，也要忍气吞声，笑不出来。钱不是万能的，但只有有了钱，才可以保障自己的人生不陷入贫穷的惨境，有能力去应付接踵而来的突发情况。

日本作家秋山由佳里大学毕业后就与心爱之人结了婚，同时开始读研。她坚信她的丈夫会给她幸福，好好照顾她，打算研究生毕业以后做个家庭主妇。为此，她边读书边打零工，努力地学习做家务。可是，她和丈夫的生活并不幸福，是两个人都感觉不到幸福的那种状态。

自然而然，秋山由佳里的婚姻破裂了。

她意识到，她的婚姻之所以失败是由于人生和经济都被他人所掌控，连买保鲜袋的钱都没有，家里的生活几乎都靠丈夫补贴。一个人如果不能掌控自己的经济，去过自己真正想要的生活，就不会幸福。于是，她为自己设立了一个小目标：在二十几岁的时候，成为赚到一千万日元的女人。

决心实现目标的人，总有动力去圆梦，她真的做到了。她的努力，让她成为自己的经济后盾，她写的《女人一定要会赚钱》成为一本让女性掌握人生幸福方法的指导书，指导女性要把握自己的幸福，也指导女性要精神、经济都独立。

孟德斯鸠认为，自由是一种心境的平安状态，在这种状态下一个人不惧怕另一个人。真正的幸福，会让我们感到内心的安宁，无论离开谁都可以过有品质的生活。这种状态，唯有经济独立才可以得到，而经济独立，不仅仅是有能力赚钱，还要学会理财，至少要强制自己养成储蓄的习惯。

"这是最好的时代，也是最坏的时代。"狄更斯在《双城记》中写道。如今，这句话仍旧可以影射现实。具有高收入、高学历的女性越来越多，女性在职场中的影响力更是与日俱增，但与此同时，也有越来越多的女性要面对破裂的婚姻，不得不一个人在人生的路途中继续前行。

这时，如果没有经济保障，无异于一路兜兜转转，却只能走到山穷水尽之境。我们不要等到真的走到山穷水尽之境那一天，才幡然醒悟经济保障对女性的重要性。

就算你现在很幸福，也要给自己一份经济保障，让自己有能力去做想做的事情、去学想学的技能、去想去的地方旅行，也有能力去买想买的东西，钻石、包包或车子。

会赚钱是能力，能存钱是本事。无论是谁，总有一天要面对人生的重要转折，多一些存款，就多一份保障。当我们强制自己去储蓄的时候，存的是钱，而取出的时候，则是一份稳稳地安全感和幸福。

## 第六章

**不要亏待每一份热情,不要讨好任何冷漠**

你有权对喜欢的人热情,
也有权对不喜欢的人保持冷漠。
就算世界会将我们蹂躏成想象不到的样子,
我们也要负隅抵抗,美好地活下去。

## 不必争奇斗艳,你本来的样子就很美

渔夫捡到了一枚金币。金币隐隐有些青苔,看起来很值钱。

渔夫的日子举步维艰,他决定卖掉这枚金币,补贴家用。村里的人们听说以后,争先恐后地来到渔夫家围观金币。有人说:"这金币一看就是值钱货,渔夫的日子一定可以好起来。"也有人说:"看起来是值钱,可惜不够耀眼。"

为了保证金币能卖个好价钱,渔夫去集市上买来了打磨工具,小心翼翼地把金币打磨光滑。他从没学过打磨的手艺,磨掉青苔和污秽物的同时,也有一些细碎的金子滑落下来。当金币闪闪发光的时候,渔夫很开心,觉得自己总算能够时来运转了。

他找到村里有钱的富豪,给他看了金币,说只要价钱合适,就可以卖掉。富豪仔细看了金币,用手摸一摸金币光滑的表面,叹了口气说:"如果你没有打磨过它,我一定会买。可是你看,这金币这么光滑，恐怕打磨时磨掉些金渣了吧？金币啊，还是凹凸不平、保持本色才值钱啊。"

这个故事让我想起一句话："每个人出生时都是原创的。可悲的是，很多人硬是生生把自己渐渐活成了盗版的模样。"很多时候，我们为了让自己像金子一样闪闪发光，把自己打磨成光滑平整的样子，殊不知，保持本色才是唯一能够让我们看起来很美好的方式。

"造星高手"张艺谋挑选"谋女郎"的眼光老辣独到，巩俐、章子怡、董洁、倪妮无一不红。在风格各异的"谋女郎"中，周冬雨干干净净又鬼灵精怪的模样十分惹人喜爱。而她能够成为电影《山楂树之恋》的女主角"静秋"，过程也是十分曲折。

当时，为了选到最适合饰演"静秋"的女演员，工作人员从全国23座城市挑选了超过6000个女孩，遵循的标准只有一个——未经雕琢。周冬雨便是6000个女孩的其中之一。由于备选女孩很多，张艺谋便以快速放映的模式播放、选择。在这种模式下，女孩们的图像变成了马赛克，每一张脸都模糊成块状的小方块，就连声音也变成了动画片中的卡通娃娃音。

张艺谋目光如炬，从中选中了周冬雨。

在屏幕布满马赛克的情形下，想要获得张艺谋的青睐，必得有独特的特点。一个人最大且最容易被人注意到的特点，正是自己的本色。年纪轻轻的周冬雨可能不是其中最美的女孩，但她笑起来眉眼弯弯的模样透着一股单纯的学生气,丝毫没有矫揉造作的表演痕迹,活脱脱就是《山楂树之恋》中那个纯情的"静秋"。她是幸运的,《山楂树之恋》需要一个保持本色的女演员,而她恰巧正是一个纯净得如同小溪水一般的新人。

后来的事情,我们都知道了。周冬雨凭借"静秋"这一角色一举成名,并获得了西班牙 Valladolid 国际电影节最佳女演员奖、中国电影华表奖优秀新人女演员奖和上海影评人奖最佳新人奖。

卓别林最初拍摄电影时,遵循导演的要求模仿当红影星,一直没有走红。直到他开始本色上镜,事业才逐渐有了起色;玛丽·玛克布莱德的走红也是因为她以乡村姑娘的本色形象上镜……有人每天为适应工作而改变自己,穿符合职业身份的衣服,学 leader 的腔调与人沟通。导演山姆·伍德十分头疼于许多年轻的演员想成为二流的拉娜·特丽斯或三流的盖博,不能保持自我的本色。同样是演员,周冬雨做到了,她干干净净的脸庞和纸片型的身材,在一众网红中辨识度极高。直到今天,我们在真人秀和访谈类节目中,看到的仍是一个目光清澈的周冬雨,她不会整容,也不会说漂亮的场面话,始终保持着自己的本色,观众缘极佳。

威廉·詹姆士认为,普通人之所以普通,是由于只有 10% 的心智能力被开发、被使用。现代人类的日常生活几乎都是三点一线式的,很少有人有机会突破生活的空间,去发掘自己没有被开发的能力。有些时候,你认为你比别人差,可能只是由于你用不擅长的领域去和别人擅长的领域相比,而事实上,你本来的样子已经足够好。

道理我们都懂,但也再三吃亏。当你看到朋友剪了当季流行的发型,染了好看的颜色,会不会动心到想要去剪一个一模一样的;当阔腿裤又开始流行起来,你有没有忘记自己的身材并不适合穿,又买了一条放在家里?不想吃亏,便要发现自己的美。每个人适合留的发型和穿的衣服都不一样,只有找到最适合自己的风格,才能让自己好看。生活中的其他事情也是一样的,再糟糕的人也是一个独一无二的个体,为了让自己看起来美好而去模仿他人,其实是放弃了自己、迷失了自我。如果你连自己都吸引不了,如何被别人喜欢?

布考斯基说:"每一个人,我想,都有自己的怪癖。但是为了保持正常,符合世界的眼光,他们克服了这些怪癖。因此,也毁掉了他们的异禀。"我们来这世上一趟,不是为了迎合他人的标准,也不是为了讨好他人。越想努力迎合他人,越难保持自我的本色。有人说:"如果你要做一个什么样的人,那么当你在做事情的时候,想想你的偶像是怎样去做的;当你遇到难以逾越的困境时,也要想想你的偶像会怎样去做。以偶像为目标,总有一天你会成功,会成为他。"无论我们的梦想是什么,从事什么行业,做着什么职业,任何领域都只有一个第一。世界上没有两片相同的树叶,我们既无法做好"模仿他人"这件事情,也无法开心快乐地以他人的要求为标准过完一生。

电影《樱花恋》中,女主角有一双独特的单眼皮。她觉得按照流行的标准,双眼皮才好看。于是,她便和她的美国丈夫商量,想要通过整容的方式让自己拥有一对双眼皮。不料,这个想法却让她的丈夫十分生气。原来,她的丈夫所喜欢的正是她极具东方气质的单眼皮。

每个人对美与好的判断标准都不同,所以,请保持我们美好的本色,不必参与任何一场争奇斗艳的角逐。你生来就是自己的主角,不需要在别人的人生戏剧里充当一个不起眼的替身。

## 体面地倔强让你获得应得的尊重

一

作家江南在《龙族》中写："是不是你也曾是倔强的小孩，低着头在人群里走过不出声，离得很远看别人说说笑笑也不出声；但是你心里有个很大的世界，夜深人静的时候所有人都睡着以后，你躺在床上睁大眼睛透过窗户去看夜空？"倔强，是小孩子即使泪流满面也抬起头问爸爸妈妈要糖果吃。倔强，并非只是小孩子的特权。许多时候，只有体面地倔强才会让已经成年的我们获得应得的尊重，恰如《曾国藩家书》中所写："吾家祖父教人，亦以懦弱无刚四字为大耻。故男儿自立，必须有倔强之气。"

演员马思纯在电影《七月与安生》中饰演了"七月"这一角色。对于七月，马思纯认为她们很像，在一次采访中她评价七月

"温婉而有力量,温顺而又倔强"。

在少女时代,七月是循规蹈矩的乖乖女。她努力读书,绝不逃课;成绩很好,从没被挫折打击过。但七月一直清清楚楚地知道自己想要的是什么,她要友情、要自由,也要平静而普通的生活。所谓平静而普通的生活,不是结婚生子、衣食无忧,而是一种内心安宁的生活。她知道世界上比她美、比她有吸引力的女生有很多,她不与别人比较,只是倔强地追求着自己想要的生活,最终在安生的笔下得到了诗意美好的永生。

说起来,七月很像我们读书时遇到的长得好看、成绩也好的乖乖女。她们往往没有主见,对于未来也没有清晰的规划,遇着事情时,大多会听从父母或者老师的建议做出选择。她们中的大多数,后来都过得不太好。她们并不是没有自己的想法,只是甘于顺从他人强加给自己的人生。少年时尚且不能倔强地坚持,长大以后恐怕更要随波逐流。

## 二

在我认识的乖乖女中,只有萌萌是个例外。

我们从小学到高中一直同班,她是班里最好看的女生,也是班里成绩很好的女生之一。高考填志愿,她报考了一所美术院校。我们都很惊讶,当时,美术院校一类的艺术高校大多是成绩不好的学生才会选择的学校,可萌萌虽然成绩好,画画的水平却很一般，我们都不明白为什么她要跟自己"作对"。

高考前每个人都是一副灰头土脸的样子，从早学到晚，没有多余的时间和精力去管别人的事情，问起她的选择，已经是高考后了。

她倒也平静，说："我知道我画得并不好，也知道我的天赋可能在别的领域。但是一个人总归还是要有一点倔强的，就算知道做不好，也要在还来得及的时候，努力去试一试，看看自己有没有可能做成真正喜欢的事情。"

很多年以后，我还清晰地记得她说这句话时的表情。经历了高考的折腾，她的脸上生了许多痘痘，看起来不如以往好看，但平凡中透着一种不甘于平庸的倔强，像田径赛场上最后一名跑者，纵然成绩平凡，也终将以同样的坚持与热爱冲过终点，获得与第一名同样的尊重。

拒绝他人对自己的安排，认真对待生活，纵然平凡，也能看到自己想要看到的风景。这样的人，本身就是与众不同的勇者。

## 三

秃顶鹦鹉 Kingo 曾有一个很宠爱它的主人，他们一起生活得非常快乐。然而，悲剧总是会在不知不觉间降临，在一个普通的日子里，Kingo 的主人不幸去世。很快，它有了第二个主人。这个主人也很疼爱它，可是它却始终沉浸在失去第一个主人的悲痛中不可自拔，甚至用爪子拔光了自己的羽毛。

在人类看来，宠物是依托于主人的疼爱得以生存的物种，Kingo的做法无疑是倔强的，但它的倔强却给它带来了好运。第二个主人不知道怎样才能帮助它缓解悲痛，便把它送到了动物协会。在这里，Kingo与许多动物生活在一起，人们知道它的故事以后，纷纷来看望它，看它表演跳舞，也看它拔掉羽毛，心疼地喂它各种好吃的食物。

## 四

体面地倔强，是接纳自己。接纳不完美的自己去做不平庸的美梦，也接纳执着的自己去坚守一份感情。当你一次次做出让步，忽视自己的底线的时候，也失去了自己拥有的个性。这样的你，如何面对年少时倔强的那个自己呢？

真正体面的倔强，不是一味地坚持，而是要按自己的意愿去活，用自己真正的个性与他人相处。生活中，我们常常看到一些人因为种种原因放弃了自己做人的底线，为了被上司看重，不拒绝上司无理的加班要求，甚至对上司说着言不由衷的话，在面具下丢掉了自己的个性。

勇敢谋生，会让我们获得他人的钦佩；执着谋爱，会让我们收获难得的幸福；唯有体面地倔强，才可以让我们获得应得的尊重。

## 没有收拾残局的能力,就别放纵善变的情绪

英国作家霍勒斯·沃波尔说,"生活对理性的人来说是喜剧,对感性的人来说是悲剧"。人,生而注定体验七情六欲。七情者,盖喜、怒、哀、思、悲、恐、惊耳。七情之中,怒之一情最是惹人烦忧。不能控制自己的怒火,放纵善变的情绪,不但让自己伤心伤身,也会伤害到他人,甚至造成让自己无法收拾的局面。情绪像一把锋利的双刃刀,当我们能够驾驭它的时候,它会是我们人生中"快刀斩乱麻"的好帮手,我们虽然无法掌控自己身处的环境,但是可以掌控自己的情绪。

人们总说情商高的人更容易维持良好的人际关系。事实上,只要我们能够掌控自己的情绪,就一样可以与人们相处得很好。大多数时候,我们情绪的好坏是由心情决定的,心情好的时候脾气自然也好,心情不好的时候情绪也会很不稳定。月有阴晴圆缺,人有旦夕祸福。我们无法决定我们会在什么时间遇到哪些人、发生哪些事，也无法预测这一天的心情是好还是坏，但只要你自己不愿意，任何人都无法强迫你发脾气，因为人类天生拥有掌控情绪的能力。

娜娜爱陶器。只要听说哪里有好看的陶器，便是再忙，也会抽空去瞅上几眼。若是价格合适，一定会买回家摆在红木柜子里，细心收藏起来。

满满一柜子的陶器中，娜娜最喜欢的是一只龙嘴壶。那壶造型粗犷，颇有些古朴的意趣。妙的是，如若静下心细细观看，便会发现这壶的壶嘴处有一细小的缺口，虽是缺憾，却更透出些许岁月的沧桑，有种残缺的意境美。

一次，我把龙嘴壶拿在手里把玩，忍不住赞道："这壶虽缺了一处，也是好看啊。"娜娜莞尔一笑，说："你不知道吧？当初我收这壶的时候，可是只完完整整的壶，样子当真比现在好看很多。几年前，方远来我家玩，不小心摔过这壶。不过，摔也就摔了，所幸这壶没有破碎。"

"哎呀，你可真是个好脾气的人。"我说，"方远也是运气好。换作我，肯定跟他大发一通脾气了。"

娜娜想了想，说："龙嘴壶再好也是个物件。就算我揍方远一顿，它也是不能再完好如初的。我与方远的交情颇为深厚，那么多年的情谊虽然稳固，却也可能会因为我情绪失控时一句冲动的话而破裂。情谊若真破裂了，可就无法修复了。"

"那你快乐吗？这样忍着，不怕憋坏了自己的身子？"我问。

"方远不是故意的，他不小心打破了龙嘴壶，自己也很内疚，我再冲他发脾气，不是更让他难受吗？再说啊，你看我这满满一柜子的陶器，有不少都是他送给我的。有他这个朋友，我很快乐。"

我常常想，心魔这种东西，或许说的就是人类的情绪。善于控制情绪的人，往往也有着快乐的人生，反之，则会受到负面情绪的影响，失去客观思考和冷静判断的能力。就算发生了再不好的事情，心情再烦乱，一旦控制不住自己的情绪，对周围的人发怒，不仅解决不了问题，还可能会把事情变得更加糟糕。所以，如果我们不能掌控自己的情绪，便无法掌控自己的人生。

控制自己的情绪，并不是喜怒不形于色、心事不让人知，也不是要忍让所有人，而是不被不良的情绪左右自己的人生，遇上事情时就事论事，在该解决问题时去解决，不要因为贪图一时的痛快，发了脾气，而错过解决问题的最好时机，增加解决问题的难度。毕竟，收拾残局的能力不是人人都有的。

判断一个人是否可以深交，不是看她心情好的时候怎样待人接物，而是要看她心情不好的时候怎样对待别人。心情不好时，许多平时优雅知性的女性会无理取闹，甚至失去理性，暴露出人性的阴暗面，做出翻脸不认人的事情。

我们常常在心情不好的时候，伤害疼爱我们的亲人和朋友。

他们往往与事情无关，只是因为我们知道无论怎样做，他们都不会离开，才会肆无忌惮地一次又一次地伤害他们，从没想过他们会不会寒心、会不会对我们失望。

控制自己的情绪，在任何情况下都尽量保持理智，不由着性子发怒，与惹自己不开心的人就事论事，不去伤害不相干的人。在该忍让的时候心甘情愿地忍让、在该发怒的时候痛痛快快地发怒，是一个成年人应当具备的能力。就算他人触及我们底线，也不要破口大骂，让自己看起来与平时不同。

清代作家李渔写："予无他癖，唯有著书。忧籍以消，怒籍以释。"让我们心情变好的方法有很多，读书、写字、吃茶、逛街……乱发脾气是最不得当的一种，损人且不利己。当你不再放纵善变的情绪，就会发现，即使事情真的到了山穷水尽那一步，也会有人来帮你，因为能够掌控自己情绪的人，必定是有涵养而不张扬的人，一定会拥有几个同自己共渡难关的至交好友和一个快乐的人生。

## 记住，随性自然与没有教养是两回事

电视剧《蜗居》《心术》的编剧曾发微博，说："我很长一段时间在家里卑躬屈膝地希望他能够原谅我走得太快。直到有一天我才恍悟，我走得太快不是错误，我为什么从不抱怨他走得太慢没跟上我的脚步呢？"当时，作为一个擅长撰写婚姻与家庭的知名作家、当红编剧，六六的婚姻出了问题。她在微博上勇斗小三，不久后结束了婚姻。这条微博，是六六在她婚姻触礁的时候发布的，字里行间的意思浅显易懂：女人，随性自然地做自己才会幸福。

对此，我深以为然。六六和她前夫是典型的"女强男弱"式婚姻，即使两人琴瑟和鸣，感情甚笃，也潜藏着一系列随时可能爆发的危机。在一段婚姻中，妻子的事业越来越好，丈夫的事业则原地踏步，在这种时候，无论妻子是卑躬屈膝地祈求原谅还是站在原地等待丈夫，都无法获得真正的幸福。这样做了，就算重修旧好，恐怕也只是暂时的，结局不是妻子无法忍受糟糕的自己，就是丈夫因为自卑、中年危机等对婚姻心猿意马。

电视剧《甄嬛传》里，甄嬛谈及夫妻之情，言："至近至远东西，至深至浅清溪。至高至明日月，至亲至疏夫妻。"夫妻之间的关系尚且至亲至疏，与朋友的相处更要随性自然，用最真实的一面与他人舒服地相处，不委屈自己，也不强求他人，才有可能生活在一个让我们感到愉悦的环境中，积极地工作并享受人生。

但随性自然并不是没有教养。

曾以评委身份在荧幕上对喜欢的选手喊话，"我真的很喜欢你""做你的女人一定很幸福"的杨二车娜姆自诩是个随性的人。她说话直，欣赏一个人便直说，丝毫不扭捏，这个来自泸沽湖畔的女人确实称得上随性自然。

在荧幕上，杨二车娜姆喜欢头戴色彩鲜艳的大花，也喜欢有才华、有实力的选手。许多人曾被她的歌声打动，却很少有人知道她的婚姻也很幸福，丈夫是前任挪威驻中国大使石丹梧。她之所以能获得幸福，要得益于她随性自然的本性。

杨二车娜姆在美国留学期间，像许多留学生一样过着艰辛的生活。白天，她学习音乐和英语的课程，晚上，她要去餐厅打工。一天，餐厅里来了一位衣衫褴褛的老人。街上狂风肆虐，显然，老人来到餐厅并不是为了吃东西，而是为了躲避风雨。餐厅里的人都很嫌弃老人，对他避之不及，杨二车娜姆却起了恻隐之心。她请老人喝了饮料，还为他点唱了一首中国民歌，见老人渐渐开心起来，杨二车娜姆向他发出了邀请，请他参加中国留学生的聚会。

两个月后，杨二车娜姆的命运因这位老人发生了巨大的转变，她得到了老人的财产———一栋房子和一生的积蓄。原来，这位老人在退休前是位工程师，生活优渥。由于年轻时收养了三个来自越南的孤儿，他一生没有结婚，可在他年老后，三个孩子却先后抛弃了他，使他不能享受天伦之乐。社会现实而残酷，老人孤独无依，唯有杨二车娜姆给了他温暖。于是，他决定用自己的财产帮助这个中国姑娘实现音乐梦想。

后来，杨二车娜姆遍寻不到老人，便用这笔钱发行了一张中国民族音乐专辑，投身于中外文化交流的事业中，并因此与丈夫石丹梧相遇相守。

有个段子，说幽默风趣与刻薄嘴欠是两回事，坦率可爱与口无遮拦是两回事，憨厚耿直与轻重不分是两回事，随性自然与没有教养也是两回事。随性自然与没有教养的区别在杨二车娜姆身上体现得淋漓尽致。

有教养的女人，即使在没有人注意的时候，也会坚持做自己应当去做的事情。她们不会人前人后两种样子。面对需要帮助的老人，平时看起来温厚善良的女人可能会嫌弃地躲开，有教养的女人则会提供力所能及的帮助。

教养与学历和能力无关,我们都知道不可以在公众场合吸烟,有教养的人会遵守规则,即使是在空无一人的深夜街头。

有教养的女人,不会被迫从众去做自己不愿意做的事情。与人住在同一间宿舍时,无论别人开门关门是否大声,她们都会轻声关门,尽量不去吵到别人;她们不会随意使用室友的护肤品、洗发露,也不会在宿舍里大声与别人讲电话。

可萝莉可御姐、可妖媚可仙女,人前人后,你尽可以随性自然地怎么美怎么扮。但你要记住,随性自然与没有教养是两回事。做一个有教养的女人,不需要我们付出很多,却可以让我们看到幸福的模样,也让别人看到你本真的美好。

## 和父母聊天，是一件美好的事情

2016年，歌手张靓颖进军美国歌坛，成绩不俗，颇受瞩目。可与此同时，张靓颖的婚事也得到了极大的关注。是关注，而不是祝福。她的母亲极力反对她与冯柯结婚，话题"听妈妈的话"在那段时间频登微博搜索热榜。对此，张靓颖的回应是"我可以理解她爱我的心，也会继续耐心地跟她解释，就像我这两年来一直在做的一样"。

时至今日，这件事情已经风平浪静，张靓颖与冯柯的感情很好也很稳定。对于张靓颖母亲的态度，媒体没有过多的报道，我无从得知她是否还在对妈妈耐心地解释，这段婚姻有没有得到妈妈的祝福。但这件事情，让我想起了一个段子，"在你很小的时候，父母教你用勺子、用筷子，所以他们吃饭弄脏衣服时，请不要怪罪；如果有一天，他们站也站不稳、走也走不动了，请你抓住他们的手，就像当年他们牵着你一样……"当我们一天比一天更接近梦想的时候，父母也一天比一天变得更老。都说人老了会像个小孩，我们的父母似乎在用实际行动证明着这件事情。他们一天比一天更黏着我们，有时一天没有通话就觉得很委屈，甚至对我们发脾气。很多人为此很是无奈，生活已是如此不易，频繁的加班已经让我们手忙脚乱，即使不忍心，也只能匆匆说两句便挂掉电话。

　　与父母同在一个城市，周末不忙自是有时间回家看看，陪他们吃顿饭。这几年，智能手机越来越普及，各种SNS社交软件虽然方便了人们的沟通联络，却也让我们越来越忙，连陪父母吃饭的时候，也无法完全放下手机。看得多了，父母免不了抱怨，"好不容易回来一次，怎么就不能好好陪我们说说话了""平常你忙，也看不着你，你回来了也不好好跟我们聊聊天，净顾着看手机"……可是，我们真的有那么忙吗？忙到都没有时间好好和父母聊天了吗？

　　身边的朋友大多被父母这般抱怨过，数小然最惨。她爸更年期，脾气暴躁，每次回家，只要她一低头看手机，准得被骂一顿。偏偏她的工作是新媒体运营，越是逢年过节，越是要贴合热点，和网友互动。一来二去，她倒有些害怕回家了。

　　去年，小然她爸生病，她请了假回家照顾。晚上她喂她爸吃了药，又安抚了她妈，再回自己房间看书。过了一会儿，她起身去厕所，经过爸妈的屋子，发现两位老人睡得挺香，却忘了关灯，忽然觉得心头特别难受。再上班，她和我说："其实，想一想，我们还能陪伴父母多长时间？真的，这次我爸生病，我妈话都少了。直到他慢慢好了点，我妈才又眉开眼笑的。能在来得及的时候，和父母聊聊天，真是件美好的事情，比自己去远方感觉温暖多了。"

网上有一道计算题，问了网友三个问题其中一个是：如果父母能健健康康再活 30 年，你们可以相伴多长时间？

经过计算，如果和父母住在一起，假设每天能有 4 个小时的时间和父母待在一起，每年大约可以陪伴父母 1460 个小时。但如果在异地工作，算上各种假期，再减去串亲戚和朋友聚会的时间，真正和父母坐下来好好说话的时间大约只有 24 个小时，30 年也不过只有 720 个小时，差不多是一个月的时间。

随着年龄的增长，父母的记忆力会下降，视力会越来越差，甚至被各种疾病缠身。父母养育我们长大成人，从未向我们索取过什么，如果不能每天陪伴在父母身边，至少在和父母打电话的时候耐心一点。我常嫌我妈唠叨，我妈从不抱怨，被我说得不高兴了，最多回我一句："现在你还能听我唠叨，等我身体不好了，你想听我唠叨都听不到了。"每次她一这样说，我的心头就像被针扎了一下，莫名地想哭。如果有一天，父母连话都说不利落了，那时我们会不会想念他们的唠叨呢？

不要等到失去时才后悔，也不要等到来不及的那一天，才想起父母曾为我们做过的那些事情。

电影《怦然心动》中，朱莉爬到高高的梧桐树上，第一次用一个全新的视角看到了与她生活在同一个世界的人们，她可以在梧桐树上坐上好几个钟头，安安静静地欣赏这个世界。一天，梧桐树被施工工人砍掉了。朱莉非常难过，哭了两个星期。

她的父亲为了让她重新快乐起来，便为她画了一棵一模一样的梧桐树。此后，朱莉每天看着画中的梧桐树，才渐渐重拾了快乐。

我们努力工作，是为了实现梦想，也是为了赚更多的钱过更好的生活，让自己过得好，也让父母过得好。可是，也许父母真正想要的，只是我们的陪伴。在他们看来，和孩子聊天，便是这世间最美好的事情了。这般简单而纯粹的美好，我们理应同父母一起享受。

## 爱你的闺密，像你们刚相识那样

闺密，是个频登微博热搜榜的关键词，而在现实生活中，有三五闺密的姑娘却并不是很多。其实，姑且不论闺密与朋友之间有什么区别，只说两个女人成为闺密的可能性，便已微乎其微。

女人的心思太过细密，一点点微妙便能激起心头无数想法，千回百转，却转不过这人世百态。《甄嬛传》里，沈眉庄对比她更出挑的甄嬛说："嬛儿，从小我们就在一处，我知道自己才不如你、貌也有距，便立意修德博一个温婉贤良。你攻舞艺，我便着琴技，从来也不逊色于你的。后来一起入宫，你总和我相互扶持，即便皇上现在不宠爱我了，我也不曾嫉恨你半分。"流潋紫写，眉庄说这话时神色游离。既是神色游离，想来心下已思绪良久，当是语气悠悠然然，说完又要有些许转折的。只是，眉庄的转折颇让我有些意外，她说："可是不知道为什么，如今我看着你，总觉得我和你差了许多。你有皇上的宠爱、有温太医的爱慕、有嫂嫂可以常进宫来看你,你的哥哥也在皇上面前得脸。样样皆是得意的了。"她的声音愈发轻微,仿若风声呜呜,"可是我,却是什么也没有的。"话虽然幽怨,可二人到底是从幼时便一同玩耍的闺密,后来,也就在兜兜转转的后宫争斗中尽释前嫌,和好如初了。

甄嬛聪慧,沈眉庄也不差。她这话,道出了年轻姑娘的闺密情怀。

大凡年轻貌美的姑娘,往往总是忧心被更为出挑的姑娘抢了风头,良善一些的,便如沈眉庄一般,处处刻意避开闺密的长处,免得被人无端比了去。但同为女子,又好到日日相伴,难免不被外人拿来比较,从家世到事业、从容貌到才华、从婚姻到子女,大有不分出高下不罢休的势头。比度之间,难免会生出些嫉妒之心,进而愤愤不平,甚至滋生算计之心。人言"三个女人一台戏",女人多的地方,烦心事也多。看客看得热闹,个中的曲折与辛酸,只有当事人才明白。我想,闺密之间那些说不清道不明的情绪,便是在这嫉妒中一点一点发生的。

这不是谁的错,哪个姑娘天生不敏感?真正神经大条的姑娘多半是成长的路上被伤透了心,一点一点吞了泪水,生生把自己的心磨钝了的;又有哪个姑娘年轻的时候不骄傲?就算没有一颗女王心,也有一颗公主心,或是粉红色的少女心。

大凡闺密之间曲折不断的,总是发生在年轻的时候。年轻时,

## 第六章

### 不要亏待每一份热情，不要讨好任何冷漠

我们无畏、我们冲动，满满的冲劲里少了几分被岁月砥砺后的宽容与体贴，占有欲让我们嫉妒闺密与其他姑娘过从甚密的交往，自负则让我们嫉妒闺密在一些事情上意外的好运，甚至嫉妒闺密在某个领域取得的成就，忽视她所付出的努力。无论哪一种感情，但凡缺失了宽容，不再有体贴，都很难维持。

反观年纪稍长些的女子，她们经历了太多风雨，活得更加明白通透，明白唯有女人才能给予女人最需要的、分量刚刚好的感动，这是男人代替不了的情谊。她们大多同闺密保持着良好的感情，如同久处深深宫闱的甄嬛与沈眉庄，相见时云淡风轻地逛街、看电影、喝咖啡、聊聊天，聊最近读了哪本好书，也聊同老公之间的感情，一旦谁遇着了难事，另一个必定会倾力相助。

在相同的高度，把不同重量的物质一同抛下，它们会同时着地，这是伽利略在1850年发现并证明的科学定理。不知如果伽利略活到现在，会不会知道一个落榜的姑娘和一个失恋的姑娘相遇，会一起做些什么。电影《亲爱的伽利略》，对这个假设给出了答案：一起出逃。

在电影中，失恋的姑娘叫小绵，落榜的姑娘叫小樱，同样失意的她们一拍即合，决定离开泰国，去欧洲看一看新的风景。她们的足迹遍布伦敦、巴黎和威尼斯，如愿以偿看到了不同于往日的新奇风景，却也经历了一些曲折的事情，比如忽然发现身上的钱可能不够花了，再比如找份工作反倒被骗了之类的，等等，都

是些刚刚步入社会一定会经历的小事情。两个姑娘都是年轻又好看的姑娘，她们不完美，却也难得地懂得如何维系一段闺密情。

小绵总会乱扔臭袜子，永远不会刷碗，和小樱在一起的时候，总会说她喜欢的男生，没有和小樱在一起的时候，又会同别人讲她的坏话，说她根本没有那么在意自己。可是，当小绵被小樱牵连，被遣送回国后，小绵仍然原谅了小樱，就像我们年少时轻而易举地原谅了那个上课和我们传字条、聊天的朋友。小樱回国那天，在机场密密麻麻的人群中，看到了一个特别的牌子，上面写着"想念朋友的请举手"，举着牌子的人，正是她十分想念的小绵。

贾平凹写："朋友是磁石吸来的铁片儿、钉子、螺丝帽和小别针，只要愿意，从俗世上的任何尘土里都能吸来。"他愿意交朋友，认为朋友应当多多益善，要生活就不能没有朋友，"因为出了门，门外的路泥泞，树丛和墙根又有狗吠"。闺密，可以是我们的悲剧，也可以是我们的喜剧，是喜是悲，全在我们一念之间。没有人不想要快乐，对于不想孤独行走在这个世界上的我们来说，获得快乐最简单又最曲折的方式便是爱你的闺密，像你们刚相识那样。

那时，她是坐在我们身边一起读书、一起聊喜欢的男生的闺密，以后，她将是陪伴我们走过无数日夜的闺密。尘世中，千帆过尽，幸好当初遇到她。

## 如果你喜欢乖,就开心地做一只乖刺猬吧

在电视剧《芈月传》中,从幼时起便温婉良善的芈姝公主可谓是一个乖乖女。乖巧、懂事、有礼貌……所有乖乖女的特性芈姝一样不缺,便是与亲王成了婚,做了人妻,也只是升级成了一个"乖乖妇女",墨守成规、思慕夫君、相夫教子。都说她与妹妹芈月斗,是输在了命上——任谁与自带主角光环的霸星斗,都是斗不过的,我却觉得,即使芈月不是霸星,她也一样会输。

因为她太乖。

有人长成乖乖女的模样,是因为家中的教导。父母认为女儿应当乖巧可爱,女儿便顺从地长成了听话乖巧的模样。芈姝的乖却极为不同,她是打从心底喜欢自己乖。

她是天生的公主命,不需要像芈月那样浑身带刺与这个世界抗争,只要循规蹈矩,就能得到自己想要的一切,好吃的食物、好看的衣服、昂贵的首饰……她喜欢这个与世无争、单纯无忧的自己，心甘情愿做一个乖乖女，去饰演上天赋予她的高贵身份。

直到她与芈月一起嫁给秦王，我才发现，原来这个乖乖女也有自己的底线：与心爱的男人相依相守、相爱到老。便是自己心爱的妹妹芈月，也不能随意染指。

战国，是绝对的男权社会，在战国时期的后宫中，唯有依附男人才能活得好。楚国公主与秦国王后的身份可保她性命无虞，却不能保证她一定能够被秦王爱慕。能够相依相守已是难得，相爱到老于芈姝和那个时代的女性而言，确是种奢望。

芈姝生平第一次被难倒了，她再乖，也不能被爱。当她最盼望得到的那份爱慕被自己的妹妹芈月轻而易举得到的时候，我仿佛看到她周身长满了坚硬的刺，心底有隐而不宣的决绝：任你是谁，只要触碰了我的底线，便不要怪我刺得你血流满地。

可她的对手是芈月，周身满是阳刚之气，只要给她一点阳光，她就能在这世界的任何地方顽强地生存。在草原，她能驰马纵横；在后宫，她也可以掌控朝堂之事。芈月的手腕远在芈姝之上，纵然芈姝已经从乖乖女变身成一只浑身带刺的刺猬，也输得一败涂地。

不是她的刺不够硬，而是她始终无法开心地做一只刺猬，所以出手不够致命。说到底，她是输给了自己的良善。

很多姑娘活得像只刺猬，在任何情况下，都能清醒理智地思考问题，做出正确的选择，获得最大的利益。而乖乖女则天生善良，成长轨迹往往一帆风顺，单纯的性格导致她们常常纠结，纠结自己要不要做一只刺猬守护自己的底线，也纠结要不要背叛自己的情感和道德，去谋求自己想要的结果。

妙莉叶·芭贝里在她的小说《刺猬的优雅》中塑造了一个特别的女人：勒妮。

她长得不好看，看起来也不再年轻；她的职业是门房，与许多优秀的姑娘住在同一栋楼；她常常在包包里放一本哲学类书籍，以便在方便的时候阅读；她喜欢的作家是司汤达和托尔斯泰，虽然有着充沛的情感和细腻的内心，却故意在人们面前表现出无知的样子。

很多文艺女青年都或多或少地从勒妮地身上找到了自己，她有一点小忧伤和小孤单，也有一点小小的悲观。这些难以言喻的小情感造就了独特的勒妮，她浑身是刺，坚不可摧；她看起来常常封闭自己，却在无人之境，为自己找到一处可以藏身的小角落，优雅地褪去周身的刺，温柔地为自己，也为真正爱自己的人而绽放。

妙莉叶·芭贝里将这种状态称为"刺猬的优雅"，这是一种很乖的刺猬。做一只"乖刺猬"不需要背叛自己、不需要用所谓"丑陋的行径"去谋求自己想要追求的一切，是我们在这个混乱无序的世界中保护天性纯良的自己的一种方式。

看起来高冷，其实内心善良乖巧；渴望被爱，也害怕被伤害，我们不冷漠，也不绝情，谁能给我们信任与爱，谁就能看到我们最柔软的心。

时光无情，却也深情，生与死挣不脱时光的长度，善与恶也逃不掉时光的审判。如果你喜欢长长久久地乖下去，就开心地做一只乖刺猬吧。不要为了适应这个世界为难自己，在该对抗的时候竖起浑身的刺，纵然会输，也要守住自己的底线；在该温柔的时候蜷缩起柔软的身体，敞敞亮亮，勇敢去爱。

## 在不那么美好的世界里,美好地活下去

"生活不只眼前的苟且,还有诗和远方的田野。"高晓松这句话道出了无数文艺女青年的心声。世界再大,对于普通如你我的平凡人来说,也大不过一个地球——七大洲四大洋,外加同一片天空、同一个太阳和月亮而已。走得越远,看到的风景越多,就越能凸显我们平凡生活的无趣。真的,这个世界其实并没有我们想象的那么美好。

我们喜欢好看的颜色、热闹的街市、美丽的风景、好吃的食物、好听的故事、漂亮的姑娘和俊俏的汉子,不喜欢糟糕的一切。在一个并不是"非黑即白"的世界中,却有着"非好即劣"的明确标准,真让人觉得沮丧。

不知道从什么时候开始,工作变成了生活的全部,有钱的老板说什么都对,像机器人一样工作的我们,都患上了"星期一综合征",好不容易有空和朋友聚会,却不约而同一起发泄不满，冲动消费，连到 SNS 社交媒体上抱怨一句都有不认识的人来"指点"一二……这个世界分明有很多事情是需要改变的，好不容易鼓起勇气想要改变，却发现自己竟然不知道要向谁提交改变规则的申请。

其实，正是因为这个世界不如我们想象中那么美好，作为世界一员的我们才要更美好地活下去。当人类一点一点变得更加美好，总有一天，这个世界会如我们想象的那般美好。

北京的地下室，承载着无数普通人的梦想，也容纳着无数平凡人的辛酸。这里没有明亮而充足的光线，居住环境潮湿而憋闷，聚集了大量外地来京务工的"蚁族"。

但在北京，也有一处美好的地下室。在居住区外，你可以找到书屋、咖啡馆、理发店、健身房和私人影院。这个原本也如同北京许多地下室一样暗无天日的地方，由于一个偶然的契机，被一个美好的人改造成了美好的地方，进而改变了许多人的生活，让他们看到了一个更好的世界。

改造这个地下室的人叫周子书。大约十年前，他毕业于中央美术学院，进入中国美术馆工作。工作期间，他看到一位大妈来到中国美术馆，进了厕所便开始洗菜。比起感受艺术的美好，忙于生活的人们似乎更加务实。

下班后，一个老同志推着自行车回家的一幕又映入了他的眼帘，那个瞬间，他决定不要这样过一辈子。这个决定，改变了他的一生。

他用了10天学雅思，通过考试后，到中央圣马丁艺术与设计学院开始了他的留学生涯。

在异国，周子书无意间从一则新闻联想到了北京的地下室，决定要为"蚁族"建造一所图书馆。在图书馆，"蚁族"的生活不再是白天与黑夜，他们可以晒太阳、可以看日落，也可以在日光下读书、学习或者寻找志同道合的伙伴一起创业，成为自己想要成为的人。

说干就干。回国后，周子书发现这样图书馆已经有了。只是图书馆十分冷清，几乎没有人光顾。需求决定一切。想要改变"蚁族"的生活，就要知道他们的需求到底是什么。

怀着这个想法，周子书以设计师的身份住进了北京的地下室。在地下室，他帮人们扫地，与人们聊天、吃肉，在交流的过程中，他发现地下室之所以不够美好，是因为人们没有把这里当成家，谁都不想在这里长久地住下去，如果可以把地下室改造成"蚁族"想象中的家的模样，人们的生活就可以变得美好起来。

同时，周子书还得知，很多"蚁族"在来京务工前，没有机会接受良好的教育，只能做最辛苦的工作，赚很低的工资。尽管他们也有着改变现状、去做自己喜欢的事情的梦想，却苦于没有人脉，无法得到工作机会。

于是，他便从"扩展职业发现的可能性"这一"蚁族"群体最大的刚需着手对地下室进行了改造。利用生活中随处可见的晾衣绳，周子书做成了一道墙，在墙的两边分别手绘了中国地图，一边是住在地上的人，另一边是住在地下的人，并写了一张可能会改变人们命运的字条："我是谁，我会做什么，我希望学习什么。如果有人想跟你交换，就会拉着晾衣绳固定到你的位置。"

通过这种方式，地下室渐渐有了家的模样，越来越多的人来到这里打卡，希望能够实现梦想。周子书备受鼓舞，他梦想着把更大的地下室建成一个让"蚁族"实现梦想的美好社区。这一想法得到了政府、投资商和专家、学者的支持。周子书成立了地瓜社区，最终为"蚁族"打造了一个美好的生活家园，他们在地下室阅读、交换技能、健身、娱乐，在不那么美好的世界里，美好地生活着。

有人说，心灵鸡汤把这个世界描写得太过美好，以至于人们忽略了这个世界丑陋的一面。是的，这个世界没有那么美好，人性也比我们想象中复杂得多，但我们不能因为这个世界不够美好，就不去直面它黑暗的一面。

尧十三的歌曲《二嬢》唱了一个疯癫流浪汉追求寡妇不成的故事，歌曲中的流浪汉是尧十三亲眼看到的一个人物。那天，他在街上闲逛，对面有墙，墙上有字，写的是："城市让生活更美好，墙下有人，人躺在地上。"

天很冷，流浪汉只穿了件短袖。在一次采访中，尧十三说这个流浪汉"是被时代伤害的人",也说"人是不可能彻底绝望的,总得生活下去,最后自己得给自己安慰,没事没事,这个世界还是好的"。

村上春树写:"我们领教了世界是何等凶顽,同时又得知世界可以变得温存和美好。"这个世界曾让我们深深绝望,这个世界也让我们赖以为生。无论是为了这个世界,还是为了我们自己,我们都要美好地活下去,如果有能力,便做一颗闪闪发光的星,照亮这个世界的黑暗。

愿世界更加亮堂,也愿每一个夜归的灵魂,都能找到回家的路标。

# 第七章
## 谋爱之前,要了解爱

爱便爱了,散便散了。
不猜忌,亦不诋毁。
好姑娘受得了宠爱,
也禁得起离别。

## 你那么好,为什么没有人爱

　　小昭不是《倚天屠龙记》里的小昭,是我们院张阿姨家的"三好"女青年。

　　所谓"三好"女青年,就是人好、工作好、人品也好。能做到这"三好"的女青年,小时候多半是妈妈嘴里的"别人家的孩子"。

　　小昭也是。

　　她不是那种很好看的姑娘,她的美是妈妈们中意的那种美,小家碧玉,斯文秀气,低调含蓄。她皮肤很好,白里透着红,再普通的衣服穿在她身上也温柔得发光。我妈常常看着我一晒就黑的皮肤,说"你看看人家小昭,从小就知道夏天涂好防晒霜再出门,一年四季都水灵灵的,穿什么衣服都好看"。

　　彼时我正读高中,小昭是高年级的学姐,她成绩一般,却也很受老师喜欢,常说她说话做事有条理、情商高,是个有前途的姑娘。以后有没有前途，当时我是看不出来的，不过她确实是个情商高的姑娘。在大院，她和每个人都相处得很好，男女老少都喜欢她。在学校，她不仅能跟学习好的女生玩到一起，学习不好又淘气的男生也从来不欺负她，甚至愿意保护她。

小昭读大三那年的暑假，带了一个男生回大院。男生长得很清秀，高高瘦瘦的，看起来和她很般配。我们都以为男生是她男朋友，她红着脸，说他喜欢她寝室的姑娘，并不是她男朋友。和她回大院，是要一起准备考研的事情。

她这么说，我们便这么信了。

后来，小昭研究生毕业，找了一份相当好的工作，带回大院的男生仍旧只有那一个。理由换了又换，诸如一起写论文、一起找工作、一起做项目，能用的理由全都被她用了一遍，谁都看得出来她喜欢他，但是这么多年，两个人就是没有在一起。

那男生来大院的次数多了，和我们也慢慢熟起来。有替小昭着急的姑娘偷偷替她打探男生的心意，他倒也坦诚，说小昭很好，我和她待在一起也很舒服，但少了点感觉。

少了点感觉。这话听着很耳熟，是渣男和姑娘暧昧不清的常用理由之一，但我相信，那男生说的是实话。小昭是好，好到没有缺点，也好到男生爱不起来。

张阿姨管束小昭极严格，读大学前，不许她穿无袖衣服，也不许她穿超短裙，她若敢超过 10 点回家准免不了挨揍。好不容易高中毕业，小昭有了穿衣服的自由，又被教育不许随便交男朋友，有了喜欢的男生要带回家给她看看，生怕小昭被不好的男生拐走骗了。

小昭听话，从没让张阿姨失望过，却硬生生出落成一个妈妈们喜欢的姑娘。她说话得体、穿着有度，只是没有自己的特点，少了点性感，也少了点张扬，仿佛一眼可以看到她年老以后的样子。

"有时候，我也想说服自己跟小昭在一起。"那男生说，"我爸妈都挺喜欢她的。但是不能因为我爸妈喜欢她，我就娶她，和她过一辈子。这对我们俩都不公平。而且，大概没有哪个男人愿意跟一个这么多年除了容貌改变，一点变化都没有的姑娘结婚吧？"

小昭很委屈。用她的话说，就是："我单纯、温柔、努力、听话，我用力去符合大家心里对好姑娘的标准，为什么没有人来爱我"。

这个世界并不缺好姑娘，缺的是能够让人放在心上的姑娘。

有的姑娘不胖。可是，当满世界都是努力锻炼，发誓甩掉蝴蝶臂、水桶腰、扁平臀的姑娘时，她忽然感到一种压力，为了让自己保持"足够好"的标准，也加入了健身的行列。每天在健身房挥汗如雨，一边忙着运动，一边惦记着自己定下的其他目标：要学好语言，去见识更好的世界；要读完手头那本心理学的书，学习怎样让别人觉得和自己相处的时候感到更舒服……

姑娘,醒醒吧。全世界都是努力让自己更好的姑娘,想要被人爱慕,你首先要爱自己。

许多年前,宋美龄以一段简单直白的文字描述了那个年代的中国女性:"到中国来游历的人,他们脑海里总特别保留着两种不同的中国女性的图画,一幅是刚进中国口岸时所看见的许多以船为家的妇女,她们使着劲、淌着汗,驾了一叶小舟,做我们所谓的摇橹工作;另一幅是登岸后看见的现代女性,她们礼貌娴雅,不仅服饰美好,还能在社交场中应对得宜,使满座生辉。带着她们的才干和勇敢,进入了以前只有男性效力的职业与经济的圈子。"你看,无论什么年代,如果没有自己的特点,纵然你足够美,也足够好,也只是某一个女性群体中的一个。

所有的爱情,都始于我们大脑分泌的多巴胺。你无法让喜欢的人体验到那份独一无二的快乐与幸福,怎能让他对你动心?对于谋爱路上的姑娘来说,最可怕的事情不是自己不够优秀,而是你像小昭一样已经足够好,但是就让人无法感到你与别的姑娘有什么不一样的地方,所以,你在他心里只能是"好姑娘"这个群体中的其中之一,而不是万中之一。

人无完人,何必苛求自己去符合人们的标准?与其处心积虑让自己活成他人喜欢的样子,不如真真正正地爱自己一场。

电影《祈祷·美食和恋爱》中有句台词,说"你环游世界得到心灵的平衡，但你以为你找的心灵平衡是为了什么？平衡不是让每一个人都爱你，而是先自爱"。爱自己的姑娘，不一定是人群中最耀眼的那一个，也不一定是最优秀的那一个，但她不会依赖他人，也不会霸占他人，她会遵从自己灵魂的意愿，做让自己快乐的事情。如果你不胖，大可不必浪费时间去减肥；如果你的工作已经足够忙碌，在学习语言去见识这个世界之前，最应当做好的事情是让自己休息好……无论在灿烂的春日，还是飘雪的冬天，爱自己的姑娘永远春风拂面，容光焕发。她们清清楚楚地了解自己，知道自己的优势是什么，也不惧怕在人前暴露自己的缺点，不会为了让别人高兴而盲目迁就，束缚自己的个性。

如果爱情也有先来后到的规则，那么这规则一定是先自爱，而后爱人。爱自己，从什么时候开始都不晚。爱德华八世心甘情愿为年过四十的沃利斯放弃王位，许戈辉与丁健在开普敦重组家庭时已经 37 岁……年龄不是横亘在真爱中的一道桎梏，只要你愿意，今天就可以尝试着爱自己。

姑娘，你那么好，必然值得有人用心疼爱。

## 爱要大声说出来

电视剧《金枝欲孽2》中,淳太妃钮钴禄·宛琇是钮钴禄·如玥的妹妹,两人在剧中相爱相杀,大飙演技,剧迷看得过瘾,好评颇多。相对而言,比起饰演钮钴禄·如玥的郑萃雯,我们对饰演钮钴禄·宛琇的伍咏薇似乎都不那么熟悉。其实,伍咏薇初入娱乐圈时,是最上镜亚洲小姐,脸上满满的全是胶原蛋白的美好。

那年,她才20岁,年轻又幸运。拍的第一部剧是《银狐》,饰演颜如玉,角色讨喜,扮相可人,足够成为被粉丝喜欢的理由。那时没有现在流行的"粉丝经济",演员红不红,公司有没有雪藏占据着相当大的原因。只要公司不雪藏,演员又颜值与实力俱佳,几乎没有不红的。她仿佛被幸运之神一直照顾,一路开挂,没有经历过被公司雪藏的打压,无论是《天地男儿》中的罗惠芳,还是《大唐双龙传》中的傅君婥,她都征服了不少观众,给影迷留下了深刻的印象。

同样令人印象深刻的，还有她一波三折的爱情。

伍咏薇是爱情大过天的港女。她与第一任丈夫翁江培是典型的一见钟情，他足足年长她30岁，但在爱情面前，年龄又算得了什么？对于女性来说，最幸福的事情不过是嫁给深爱的他，你负责美，他负责夸你的美。被幸福包围的伍咏薇幻想着将幸福延续到永远，就算生命短暂，看不到海枯石烂那一日，能够一生相伴也是幸福的。

然而，天不遂人愿。在伍咏薇嫁给翁江培仅仅13天后，翁江培不幸猝死。事发突然，新婚的幸福人妻不得不在23岁的年纪里，就做了寡妇。

人言世上两类女子是非多，一为"寡妇门前是非多"，二为"人红是非多"。新婚丧夫，又是娱乐圈中的明星，是非自然是躲不开了。或许伍咏薇已经做好心理准备，被人冠以"克夫"之名，但她不会想到，因为翁江培的遗产问题，自己在未来很长的时间里，要过一段不同于往日的生活。

负面新闻铺天盖地般袭来，年轻的伍咏薇无法面对突如其来的不幸。她睡不着觉，心痛的夜晚，她夜夜笙歌。一段时间后，伍咏薇厌倦了这种糜烂的生活，她决定要换一种方式好好生活下去。

那一年，伍咏薇30岁。从戒烟开始，她跨过一道又一道坎，努力让自己变得更好，至少更健康一些。幸运的是，尽管经过许多不幸，伍咏薇仍然相信爱情，她曾在一次采访中透露，如果她爱上一个人，就会主动同他说出来。在爱情中，幸运不是你喜欢的人，碰巧也喜欢你，而是两个相爱的人中，有一个人敢主动说出自己的感觉。

伍咏薇便是那种敢把自己的感觉主动讲出来的姑娘。她是下定决心重新活一回的人，期待爱情，也敢于争取爱情。她喜欢的那个男人叫练海棠，两人的红娘是黎姿。相识当天，他们便发现彼此喜欢同样风格的音乐和电影，第二天，他们便开始了约会。

半年后，伍咏薇毫无悬念地嫁给了练海棠。

她有她的爱情故事，你也该有你的幸福人生。爱，是一种无法由其他任何感情来替代的感觉，只有和自己深爱的人在一起，才能闻到幸福的花香。深夜买醉的姑娘总在疑惑，这世界上的爱情有成千上万种模样，为什么最倒霉的一种偏偏会发生在自己身上。

什么是最倒霉的爱情？

人类的爱情囊括了世间万象，这世间，有平淡如水的夫妻、有相爱相杀的畸形虐恋，也有单纯懵懂的纯情单恋。而最倒霉的爱情，不是两个相爱的人无法相知相守、相伴一生，而是两个相爱的人明明有机会白首到老，却都矜持着不肯表白，白白错过了此生至爱。你不知道明天和意外哪一个先来，但你可以决定今天要不要大声对喜欢的人说出你的爱。

"万一他拒绝我怎么办？"

"他不喜欢我，我们是不是连朋友都做不成了？"

"会不会是我自作多情，想太多了呢？"

"唉，我又不够好，表白多半会失败吧……"

爱情没有任何条件，当我们爱上一个人的时候，不会因为他有缺点而放弃他，也不会因为他不够优秀而改变自己的心意。你看，爱情不是三五七十一，喜欢最好的那一个，我们喜欢的，往往是最合心意那一款。如果他也同样爱你，一定也不会因为你不够好而拒绝你。我们那么努力地去谋生，理应拿出一点勇气来谋爱。

就算被拒绝，也没什么大不了。爱情的美妙啊，是勇敢的人才能尝到的滋味，我们身边那些令人艳羡的爱情，没有一桩是轻轻松松谋来的，如果连同喜欢的人讲出自己的感觉都不敢，那么在未来漫长的谋爱路上，你们要如何携手共进？别说为什么男生不主动，爱情中并没有规定一定要男生主动，也不要顾虑如果你先表白，他会不会不珍惜你，没有一个男人不想对自己喜欢的姑娘好。

爱，要大声说出来。我知道你一个人可以活得很好，但请你相信，两个人可以活得更好。

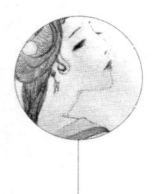

## 成年人的猜忌,像小孩在纸上画的圆圈

　　成年人的猜忌,像小孩在纸上画的圈圈,纸上五颜六色的圆圈全是成年人在爱情中的假想敌。圆圈越来越多、越来越粗,总有一天,会让你们的爱情失去原本的色彩。

　　每隔一段时间,明星离婚、出轨的传闻就会占据微博热搜榜。最近的,是何洁离婚、林丹出轨,稍远一些的,是王宝强离婚……而"周一见"的文章出轨仍历历在目。

　　每当出现类似的新闻,SNS社交应用便会成为"再也不相信爱情了"的重灾区。爱情,本就是薄如蝉翼、脆薄如纸的存在,我们没有必要因为他人那段有瑕疵的感情而对爱情失望,说到底,好的爱情和坏的爱情,我们无法替别人体验,别人也无法替我们体验。自己的爱情,终归要自己体验、自己做主。要不要信任陪在我们身边的那个人,也是我们自己说了算的。

　　木心写:"记得早先少年时/大家诚诚恳恳/说一句/是一

句/清早上火车站/长街黑暗无行人/卖豆浆的小店冒着热气/从前的日色变得慢/车,马,邮件都慢/一生只够爱一个人/从前的锁也好看/钥匙精美有样子/你锁了/人家就懂了"。

我想,无论在什么年代,好的爱情便如先生所写,两个人彼此相知又相爱,可以融为一体,也可以独立为人,舍得给对方这世间最真挚的爱,也敢给对方最高级的自由——信任。

他是《马男波杰克》中最温暖的人,他是花生酱先生。他有一个拼命想要证明自己足够优秀的妻子,叫戴安。戴安胆子很大,为了成为自己想要成为的人,一个人跑到战地去做采访。倒霉的是,戴安受骗了,她被挫折狠狠地撞了下腰。

回来以后,戴安小心翼翼地缩在自己的"龟壳"里,逃避着现实,不敢回家,也不敢告诉花生酱真实的情况。她假装自己身在战场,以战地记者的身份和花生酱通电话,却在餐厅意外地遇见了花生酱。

这真是件尴尬的事情。

不只尴尬,还很危险。

"世上有那么多的城镇,城镇有那么多的酒馆,她却走进了我的酒馆。"在现实生活中,并不是所有偶遇都像电影《卡萨布兰卡》那样充满诗情画意。如果男女主角是两情相悦的有情人,自是好事一桩;可若是刻意隐瞒对方又碰巧遇到,实在不能不让人产生联想。

TA 说 TA 工作很忙，没空和我约会，怎么有空和别人一起吃饭，还笑开了花？

TA 明明应该在另一个城市忙着谈项目、签合同，怎么会出现在这里？

TA 不是已经和那个姑娘断了联系吗？怎么两个人还坐在一起？

……

在爱情中，人类的脑洞无比丰富，我们以为会在初春遇见的那个人，竟然在冬日的餐厅和别人无比亲密，实在让人气恼。

之所以气恼，是因为我们往往不知该怎么处理。走过去大吵大闹，实在有失体统，可若忍气吞声，又委屈了自己。

到底应该怎么办？

花生酱为我们提供了一个良好的可参考的版本。

他看到戴安，愣了一下，却没有走过去。仅仅只是站在原地，用手机给戴安打了一个电话，说："戴安，你知道家里电池放哪儿了吗？遥控器没电了。"

戴安继续假装她身在战场，让花生酱在抽屉里好好找一找。

花生酱想了想，说："我找了，但是没找到，你回家帮我找找电池吧！我知道你的工作很重要，回家的路很漫长，但是我真的需要你，我觉得你该回家了。"

心里五味杂陈的戴安听到这句话，忙顺坡下驴，表示如果她现在马上动身，当天晚上就能回到家。

花生酱很开心，说："太好了，我爱你。对了，你知道吗？我在餐厅看到一个女孩，长得好像你哦！"

每个人都有难以言喻的苦衷，不是每个人都能像花生酱一样，对爱人信任到"有些事你永远不必问"。这般难得的信任，让人感动，也让人珍惜。

在决定和花生酱结婚的时候，戴安说："我从没想过我会结婚。把自己的余生都交给另一个人，真的很奇怪。你怎么知道将来会如何呢？但是我又意识到，有不确定的因素没关系。有时候，人只是需要点信心而已。花生酱先生，我想跟你一起拥有这份信心。"

爱情是世界上最古老、最难以解答的谜题，马尔克斯在《霍乱时期的爱情》中写尽了爱情所有的面貌，从初恋到黄昏恋、从暗恋到婚外恋、从地下情到一夜情、从精神之恋到情欲之欢，应有尽有。其中有一段关于爱情的对话，我印象极深。

男主问他的一个情妇，说究竟哪一种状态是爱情，是床上的颠鸾倒凤，还是星期日下午的平静？情妇的答案是，灵魂之爱在腰部以上，肉体之爱在腰部以下。

腰部以上，有人类的心脏。片刻的情欲之欢自然无须走心，而灵魂之爱唯有走心才能长久。走心地爱、走心地付出，也走心地信任、走心地接纳。

人类喜欢狗狗，从狗狗身上找寻难能可贵的爱与信任、与忠诚，却往往忘记去信任最应当信任的人。谋爱路上，谁没经历过几次伤害与背叛？这个世界本身已经充满了猜忌，如果你爱他，请不要用猜忌来伤害他。

信任，比猜忌容易得多。

美国在实行性解放后，婚姻的忠诚度越来越高，婚姻的质量也有所提升。信任一个人，包容他"不想说的秘密"，远比疑神疑鬼去猜忌更能保护本就脆弱的爱情。

信任不是装傻充愣，猜忌也不是保全爱情的万全之策——没有人想在爱情中受伤，也没有人真的想让自己的猜忌成真。每个人都要满满的幸福，然而幸福的定律因人而异，世界上没有任何一条规则能够确保我们一定可以获得幸福，只有许多避免让我们不幸福的法则，不猜忌便是其中之一。

你已成长到如此强大，又已修炼到如此勇敢，别让猜忌毁了你本应长久的爱情。

## 家是牢狱,却让人心甘情愿将自己囚禁

他是一个囚犯,已经服刑近十年。

他的家人和朋友以他为耻,不愿与他联系,于是,监狱生活中难得的"通话时间"令他十分尴尬——他总是不知该给谁打电话。

一次,他编了一个号码,怀着惴惴不安的心情打过去,接电话的是个年轻的姑娘。她说话的声音非常动听,他听得出来,姑娘对他有着戒心,说话的语气也很敷衍,但常年的孤单,使他在那个瞬间爱上了与她通话的姑娘。

他默默地记下了这个号码,一到"通话时间"就给心爱的姑娘打电话。姑娘很善良,在得知他的情况以后,每次都和他聊两句,鼓励他重新做人。一次,他给姑娘打电话的时候,碰巧姑娘的工作获得了老板肯定,心情很好,便与他聊了很多生活和未来的话题。当他不得不因为时间关系说"我该挂电话了"时,姑娘

## 第七章

### 谋爱之前,要了解爱

第一次对他产生了恋恋不舍的感觉。

后来,姑娘不但一直与他保持着联系,还到监狱去看望他。他们的关系持续升温,在他获得减刑出狱的那一天,姑娘成了他的女朋友,如今,他们已经有了一个可爱的宝宝。

这个让我感到不可思议的故事是我在网上读到的,并非由于故事的男主角是个囚徒,才让我产生了这种感觉,而是这个故事发生的地点,让我想到了一个已经结婚七年的朋友对家的比喻。

她说:"家啊,是监狱。你去工作也好、去旅行也好,都是忙里偷闲的散心。结束了,又要回去和同一个人过日日重复的日子。"

简而言之,即家是牢狱。

钱锺书在《围城》里写道:"围在城里的人想逃出来,城外的人想冲进去。"一语道破爱情与婚姻的不同状态,没有雷同的爱情,却有雷同的日子。总有人欢呼雀跃以爱之名拉着喜欢的人,一起走进爱的监狱,囚禁彼此的自由,也囚禁彼此的年月,然后,在经年的囚禁中,蓦然发现只有彼此的世界也不是那么有趣。

多少人以爱情或夫妻的名义,要求喜欢的人在固定的时间回家、吃饭、睡觉。如果这种程序化的生活方式,真的可以让两个人长长久久地相爱,我想,爱情中就不会有那么多出轨和劈腿了吧。事实上,一段感情中最为致命的危机,不是生活正在经历的风霜雨雪,也不是有人变心,而是甘于让爱情流于平淡——在如水的岁月中,当相爱的两个人都以为在一起是一件理所当然的事情时，危机便会悄然而至。

理所当然，是你下班后一定要回家吃饭、是他的工资条一定要给你看，也是你们无论做什么事情，都要让对方知道。这样的爱情，真的是你想要的那一种吗？

许多情侣没有日复一日的争吵，也没有第三者插足，却在毫无预兆中忽然各奔东西，脸上带着一点淡淡的悲凉。对，是悲凉，是对逝去岁月的悲凉，而非失去对方的悲伤，当你看到一个人脸上有这种表情的时候，能否想象得到，TA也曾是个爱情大过天的人，他们也曾为了对方，心甘情愿将自己囚禁。

所以啊，说起来，你能看到的天长地久，若非尚未挣脱爱情囚牢的无趣夫妻，便是筹谋生活、经营爱情的有情人罢了。

爱情是你爱他，恰巧他也爱你，而天长地久的爱情，则是你们都肯花费时间来经营的甜美果实，正如这世上所有的历久弥新，都需要悉心维护一样。

不婚主义的邓超娶了曾宣称不结婚不生娃的孙俪，两人将日子过得有声有色，从大银幕到微博一路撒狗粮，还生了两个萌娃。

除了我们常常看到的日常吐槽，他们也有很多相互照顾的时刻。夫妻俩曾一起参与《奔跑吧兄弟》，此前，邓超曾放话，说只要她敢来，我就敢撕她。大家都拭目以待，想看看这个直男如何手撕"娘娘"，却惊奇地发现，当"娘娘"真的出现了，邓超马上选择性失忆，不但忘了曾经说过的话，还对"娘娘"颇为照顾。在撕名牌的环节中,他也丝毫不顾及自己的形象,嘱咐工作人员转告妻子,让她务必小心。

两人都是在并不完整的家庭中长大的人,都曾对婚姻有过恐惧。孙俪在电视剧《玉观音》中的扮相清纯而倔强,我总觉得那正是她本来的样子,不轻易对他人妥协,也本能地抗拒着外人对她的照顾,生怕欠了人情。

邓超也是一样,《少年天子》中,他是深情而任性的帝王。情不知所起,一往而深。他固执的眼神深处,分明透着几分对爱情的不信任,然而再仔细看,又能看到他小心翼翼地期盼着爱情。

他们比任何人都清楚,如果想要天长地久的爱情,要勇敢、要全心信任,也要花费时间来经营,否则,甜蜜的爱情很可能像父母那一辈的婚姻一样,在平淡流年中毁于一旦。

邓超和孙俪都是知名艺人,平时工作非常忙碌,为了经营好爱情,孙俪悉心研究了养生料理,一旦有时间,便亲力亲为照顾邓超;邓超则牢牢地记住属于他们的每一个纪念日,再忙也不会忘记在七夕和结婚纪念日对孙俪深情告白:"我能想到最浪漫的事,就是和你一起慢慢变老,直到哪儿也去不了,我还依然,把你当成,手心里的宝。媳妇,六周年纪念日快乐,爱你。"这是他难得不耍宝的微博。

这份爱情很难不被我们羡慕,在这段长长久久的爱情中,他们的心满满当当,全是对方,就算爱情真的是牢笼,也是一处有趣的牢笼。

经营爱，才能拥有爱。经营好爱情，才不会被爱情束缚，才有可能获得真正长久的爱情。

两个人相处，要看清楚彼此的优点和缺点，既要包容对方的缺点，也要欣赏对方的优点。经营爱情，不能太勇敢，也不能不勇敢，唯有坚强到刚刚好的力量才能经营好爱情。

而温柔，正是这个世界中最坚强的力量。温柔地经营爱情，骄傲地爱、浪漫地爱、无所顾忌地爱，再长久地陪伴、长久地爱。

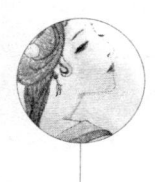

## 即使深陷爱情,也要保持独立思考的能力

知名模特孟广美爱得炽烈,却被前男友骗去近5亿港元。她以为他是投资失利,为了帮助他走出阴影,她陪他来到北京,花钱养他,即使他拿不出任何投资失利的证据,也依然相信他。直到他被爆涉嫌诈骗,她才如梦初醒。据说孟广美被骗的5亿港元中,有一部分是她母亲和弟弟的全部积蓄,为了所谓真爱连累亲人,自己也几乎破产,不禁令人唏嘘。

20世纪90年代末,"玉女掌门"杨采妮退出娱乐圈,与当时的男朋友邱韶智一起创业。结局我们都已经知道了:不但把几千万身家全赔了进去,男朋友也变成了前男友。如今,杨采妮再谈起这件事情,表示这是成长中的一种经验,她不后悔,并从这个过程中学到了好多。话,是坦然的话,但走出这段情伤,再回到娱乐圈打拼谋生,其中的艰辛与不易,也只有她最清楚。

张曼玉情路坎坷。早年间,她曾被爆委托当时的男朋友代为投资，结果被骗上千万港元。无独有偶，曾经的歌坛一姐毛阿敏在身陷逃税案时，男朋友带着她全部的钱出了国，一走了之……

男朋友劈腿，骗财又骗色，为什么姑娘们总也发现不了？

老公出轨，为什么妻子总是最后一个知道的人？

法国摄影家贝尔纳·弗孔说："回顾我的摄影生涯，最强烈的感觉就是时间那种令人迷醉的美。一切都令人着迷，但一切在慢慢流逝。遭遇到美，为之狂喜，但同时它在离去。"这世界，能与时间成反比的，大概也只有爱情了。我们对一个人的爱恋，大多不会随着时间的流逝而减少。爱情似乎有一种神奇的魔力，再优秀再独立的姑娘，只要与深爱的男神在一起，就会沉沦到无法自拔，甚至失去自我，丧失独立思考的能力，以至于女性往往总会成为"最后一个知道真相"的人。

常听长辈们议论某个小辈，说她啊，哪儿都挺好，就是姻缘不好，被爱情冲昏了头脑，现在也过得不好。

仔细想想，这世界被爱情冲昏头脑的姑娘真是不少，客观来看，我们无法评价因为爱情而失去理智是好还是坏，毕竟爱情是人类所有感情中最古老又最强烈的一种，当年吴三桂冲冠一怒为红颜，也是着了爱情的道。但深陷爱情，如果不保持独立思考的能力，一味地为了爱情委屈自己、牺牲自己，便是盲目的爱，最终会被爱情所伤。

热恋中的姑娘，仿佛患了选择性眼盲症，对男神的缺点视而

第七章 谋爱之前，要了解爱

不见，假装和自己谈恋爱的人就是一个完美男神，他说什么便是什么，他做什么都没有错，宁可被骗也不肯怀疑他分毫，这样冲动的爱情，早晚会出问题。

爱情，美妙到无法言喻，也丝毫没有道理可言。凭你足够好，或是足够美，也可能会不小心遇见渣男。所幸，女人的直觉往往很准。在爱情中，我们有时会凭直觉感知到一些微妙的变化。这是女人的天性，即使他看起来和平常一模一样，也依然觉得他哪里怪怪的。

这时，我们应当像相信自己与生俱来的其他能力一样，相信自己的直觉，让自己冷静下来，慎重地思考。一时想不通就停下来休息，时间越长，不真诚的人越容易暴露出自己的破绽，让你看清他的真面目。同时，我们还要观察正在与你谈恋爱的男神，一旦发现他有任何言行不一的情况，就应当努力为这段感情按下暂停键，免得越陷越深，被人蒙骗。

杨老大是我大学寝室的老大，她年纪大，胆子也大，无论做什么事情，永远一副雷厉风行的样子。这样的姑娘，放在今天当被尊称为"女汉子"，但我上学的时候，杨老大被男生们称为"兄弟"，被女生们称为"大姐"。

那时，校园里的女神是穿着棉布裙、留着长发的温柔妹子，所以，当杨老大兴高采烈地告诉我们她谈了恋爱时，我们全都蒙了——寝室里最像女神的董小妹都没谈上恋爱呢，最不可能谈恋爱的杨老大竟然成了寝室第一个交了男朋友的姑娘。

这件事情不科学。

杨老大大大咧咧,我们却把她和她男朋友的事情一桩桩、一件件地看在了眼里。

情人节,他没送杨老大礼物,说是手头有点紧,杨老大熬夜折了一千只纸鹤送给他,他开开心心地收下,嘴里却小声嘀咕道:"其实,我更喜欢限量款的篮球鞋。"杨老大听到了,我们也听得清清楚楚,她皱一皱眉,没说什么。

待开了春,天气也便渐渐暖了起来。我们商量着一起郊游,杨老大便约了男朋友一起来玩。作为一行人里唯一一个男生,我们没指着他能帮我们拿些重物,只希望他不要惹杨老大不开心就好。谁知,就这一点要求,他也做不到。那时还没有微信、支付宝支付,杨老大照顾我们照顾得惯了,让我们把钱给她,她去排队买票。我们纷纷掏出零钱给了她,她男朋友却说:"哎呀,我忘带钱包了。"

杨老大看了他一眼,没说话,替他付了。一路上照旧和他说说笑笑、打打闹闹,回来便与他分了手。原来,这并不是他第一次忘带钱包出门约会。杨老大说,他们交往的这几个月里,几乎全是她花的钱。他家并不是条件不好的家庭,父母都是单位的领导,算起来家庭收入比杨老大家要多出许多。

"他呀,根本就不喜欢我。打着爱情的幌子,骗我一个大大咧咧的女孩子做他的钱包。我现在看得清清楚楚的。"杨老大没喝酒，却也吐了真言。

后来，那个男生陆续交了几个女朋友，据说依旧常常上演忘带钱包的戏码。一个成绩很好的学姐爱他爱得死心塌地，为他放弃考研去工作赚钱，给他买各种他想要的东西，以为他们一定会谈婚论嫁，他却娶了一个白富美。

受骗的姑娘总是后悔莫及，责怪当时自己为什么没多长几个心眼。事业成功的姑娘往往会更加自责。当爱情让你捉摸不透，请尽量延长观察对方的时间，将可辨识的幸福空间扩展到最大，清醒的这一刻，一定会看清他熟练的套路和屡试不爽的招数。

只要时间够长，真相，总会慢慢浮现。

毕竟，真相只有一个。

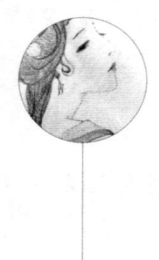

## 有爆发才会有平静，发脾气不是可耻的事情

一

提起陈奕迅，便不能不说徐濠萦，而说起徐濠萦，很多陈奕迅的粉丝便会愤愤不平，深觉自己的偶像娶了一个爱发脾气又败家的女人。

事实上，陈奕迅与徐濠萦的爱情，不但经历了波折，也经受住了考验。

两个人都是憧憬浪漫爱情的人，于是，现实生活便成了摆在他们眼前的第一道波折。一次，徐濠萦邀请自己的父母来参加陈奕迅发行新专辑的家庭庆功宴，这是她的父母第一次见到陈奕迅，问了他许多问题，也包括他的收入。陈奕迅自小在英国长大，对隐私极为看重，不喜欢任何人过问他的私生活。面对徐濠萦父母

# 第七章

## 谋爱之前，要了解爱

的问题，他选择一走了之，独自一人回书房写歌去了。

徐濠紫非常生气，她父母的问题在她看来，是对她的关心，也是想更多地了解陈奕迅，陈奕迅不但不能理解自己的父母，还躲在书房直到她的父母离开才出来。她愤怒地和陈奕迅吵架，甚至到街上疯狂购物发泄心中的不满。

结果，徐濠紫疯狂扫街的一幕被娱乐记者拍了下来，并冠以"豪奢"之名见了报。

不久，徐濠紫陪陈奕迅回他父母家。陈奕迅的父亲看了关于徐濠紫的新闻，信以为真，摆出长辈的姿态教育她，要她不要大手大脚地花钱。徐濠紫快人快语，说我自己也赚钱。聪明的男人面对这种情况，往往会从中调和，同样心直口快的陈奕迅反而要徐濠紫听父亲的教导，不许她顶嘴。

徐濠紫气得当即摔门而去，回了娘家。

后来，两人虽然和好，却没有如初，就连一起在家享受烛光晚餐，也能吵上两句。郁闷的陈奕迅只好去酒吧喝酒，想要一解愁肠。正巧碰到了杨千嬅。看到老朋友，陈奕迅不吐不快，将心中的郁闷悉数道来，杨千嬅开导他，要他正视两个人不同的成长背景。陈奕迅恍然大悟，觉得心情好了不少，却没有想到，神出鬼没的娱乐记者拍下了他和杨千嬅聊天的照片，发布了陈奕迅和杨千嬅在夜店喝酒的娱乐新闻。

这无异于火上浇油，徐濠紫搬出了陈奕迅家。陈奕迅百口莫辩，只好选择尊重她的决定。

不久后，陈奕迅发生了意外，他在演出时不小心从舞台上摔下来，受了严重的伤，经常头晕。徐濠萦得知后，将他们之间的种种不愉快抛到脑后，放弃了自己的事业，回到陈奕迅身旁悉心照顾他。

两人终于和好如初。然而就在陈奕迅打算给徐濠萦一个完美的婚礼时，他的父亲入狱了。他拿出了所有的钱也凑不够父亲的保释金。徐濠萦爽快地给了他一张200万元的支票，说这是她平时存下来的，让他去保释父亲。据说，当时陈奕迅哽咽无言，徐濠萦温柔地劝解："我们一起努力，所有的困难都会过去。"

谁说发脾气的姑娘不可爱？谁说好姑娘无时无刻都要保持温柔得体的样子？发脾气不是可耻的事情，敢爱敢恨才会获得爱人的尊重。如果徐濠萦在爱情中选择一味忍让，很可能她活得憋屈，陈奕迅也了解不到真实的她，两个人的爱情也不会修成正果。

两个人越是深爱，越能看清楚彼此的缺点，甚至发现彼此不为人知的隐私。

比如，他紧张的时候会语无伦次、有轻微的夜盲症、喜欢看情色电影……这些都是小问题，也是他的习惯，就算我们大发脾气也很难改变，因为这些事情发脾气是作。

发脾气不可耻，但乱发脾气、无休无止地作，则会毁了你们的爱情。发脾气，是要在爱情中与对方保持同等的话语权，在无法忍受的情况下，用这种方式迫使对方了解到你真实的想法，从而更加了解真实的你，更加清晰地看清你对他的爱慕。

## 二

英姑娘英气十足，脾气暴躁，常用"分手"来解决问题——并不是真的分手，而是吵架时说说而已的那种分手。

每年"双十一"，是她的狂欢购物日，也是她男朋友的"受难日"。她一早便把想要购买的东西放到购物车，然后去看书或者看电影，舒舒服服地斜靠在沙发上，吩咐男朋友在零点的时候付款。

偏偏每一年，她男朋友都做不好这件事情，不是网络卡了，就是秒不到英姑娘想要的东西。英姑娘也便和男朋友发了许多年的脾气："你玩游戏的时候网络从来不卡，怎么一到给我买东西网络就卡了？"男朋友百口莫辩，委屈得很。

后来，她男朋友被公司外派到国外做项目经理，本来是个挺好的事情，只要驻外三年，回来就能升职加薪，步入年轻有为男青年的行列。可是，由于英姑娘平时老发脾气，他不知道怎么和她讲，生怕一句话没说对，她又大吵一架。

没有不透风的墙。在临近他出国的日子，英姑娘偶然从他们共同的朋友那里得知了男朋友马上要离开的消息。她生气极了，和他大吵大闹了一整个下午，他忽然觉得很心寒，说："要不，我们分手吧。反正我也要走了。"

英姑娘哭得一把鼻涕一把泪，抱住他不放，说："你傻啊！我和你吵了这么多，是怕你离开的日子里，我想吵架都不知道要和谁吵。"然后，她洗了把脸，对目瞪口呆的男朋友说："你走吧。三年不长，我等你。我们都好好工作，等你回来，我们就能付得起房子首付，再也不用租房了。"

第二天，她男朋友邀请我们参加了他们的订婚仪式。现在，距离他回国的日子还有不到半年，据说英姑娘经常在视频电话里和他发脾气："你看看你，又瘦了！让你好好吃东西别那么拼命工作都不听！""你怎么这么晚才下班？是不是瞒着我去和异国小姑娘约会喝酒了？我告诉你啊，你可是有婚约的人，敢背着我乱搞，我可不依！"这些话，在他听来，都无比甜蜜。

## 三

有人说，这个世界上没有完全对等的爱。父母对孩子的爱总是比孩子对父母的爱多一些，两个相爱的人之间也很难爱得同样深。这些深浅不一的爱，往往会造成我们与最亲密的人之间难以避免的矛盾，我们会计较为什么他不够爱、不够包容、不够忍让，也会因为他不理解我们的付出而难过。

爱情如水，奔腾入海，川流不息——有来才会有往，有爆发才会有平静。想要获得爱，就要尽力去维系爱情关系的平等，你爱得多一点或者少一点都不要紧，不会一味付出或一味索取才是正经事。

说起来，那些幸福的姑娘，无非说了想说的话、做了想做的事、发了该发的脾气、爱了值得去爱的人而已。

你也可以。

## 相忘于江湖,并不是迫于无奈的选择

20 世纪 90 年代,女星周海媚的贴画曾是无数青春期少男少女用来装饰笔记本封面的首选。后来,我看到她的八卦,她说已经与男朋友分手,如今陪伴她的是一只狗狗。

据说周海媚曾为了这个比她小 7 岁的男朋友放弃了她在香港的事业,移居北京。而这个小男友对她也是真爱,每年都向她求婚,她却一次次拒绝了。爱是真爱,只是周海媚不愿意为了这份爱情而放弃自己的事业,久而久之,两人便分手了。如今看她的照片,虽然两人从此已是没有关系的陌路人,她却没有很难过,笑起来仍旧是优雅温婉的模样,想来,她应当过得不错。至少,这一段情没有像她和吕良伟那一段那样沉痛。

周海媚与吕良伟决定结婚时,两人已经相识四年。当年,他们的事业都如日中天,为了不影响彼此的事业,二人到美国拉斯维加斯秘密注册，结合成夫妻。但仅仅过了 8 个月，周海媚便与吕良伟一拍两散。许多人以为 33 岁的吕良伟和 20 出头的周海媚年龄差距太大，是婚姻失败的导火索，周海媚则表示当时结婚的决定并不草率，只是生活在一起后，才发现对方有很多东西跟自己想象的不一样。

伊坂幸太郎说："说到人生，不管谁都是业余新手啊。任何人都是第一次参加，人生这种事没有什么专业老手。"爱情也是一样，有些人自诩为爱情老手，深谙爱情套路，一旦遇到真心喜欢的姑娘，马上变成业余选手。

因为，每个姑娘都是不同的，每个姑娘都有自己的想法，各自期许着不同的未来。当时周海媚还年轻，未来无限宽广。据说两人分手的真实原因是吕良伟希望周海媚能放弃一部分事业，照顾他生病的父亲，周海媚不愿意为了爱情放弃已经计划好的人生。无论因为什么原因，两个登对且相爱的人最终以分手收场，令人唏嘘不已。

那时年少，如今回过头再想一想，周海媚与吕良伟的相忘于江湖，并不是迫于无奈的选择。亦舒在《喜宝》中写："我最怕别人为我牺牲，凡是用到这种字眼的人，事后都要后悔的，将来天天有一个人向我提着当年如何为我牺牲，我受不了。"爱情，是两个人一起携手变得更好，不是谁为谁牺牲，也不是谁为谁硬撑。

电影《前度》里,周怡和阿树在去旅行的路上。正是夜深人静的时候,他们在灯光耀眼的机场聊天。候机时,周怡拿出阿树的书,封底的照片上,阿树笑得仿佛另一个人。

凭着女人的直觉,周怡猜测为阿树拍下这张照片的,一定是他的前女友。她猜对了。阿树在她的追问下,坦白他与前女友还有联系,并且表示只是朋友而已。

周怡很生气,说:"现在不是可不可以做朋友,是跟不跟朋友做。"

偷听周怡与阿树谈话的阿诗听到这句话,忍不住笑了,对男朋友陈均平评价周怡说话"好直接"。陈均平脱口而出,说"她一向都是这么直接"。

阿诗愣住了,一脸不可置信的表情,心中已经有了答案——原来,眼前的这个姑娘,就是她男朋友的前女友周怡。

前任无处不在,在这个世界的某个地方,也在我们心里的某个角落。

有人说,是这个每天都在变化着的时代让爱情也变得越来越快、越来越短暂,但爱情的短暂,并不能说明这段感情没有被人们用心对待。如果一段爱情已经要用牺牲来延长它的长度,倒不如两个人各奔东西,重新开始生活。

无论有缘相守还是无缘分手,那些与喜欢的人一起经历过的幸福瞬间都将赐予我们力量,让我们一往无前,继续前行。

# 第八章

## 别抱怨命运,你的幸福握在自己手里

幸福也许会迟到,
但从不会缺席我们的人生。
因为,幸福始终在你自己的手里。
不要抱怨命运,放过自己,成全自己的幸福。

## 最好的爱情,是各自舒服地做自己

对于幸运,每个人都有不同的解答,陈小春说:"我这辈子最大的幸运,就是应采儿喊我老公。"

他们在 2010 年的情人节登记结婚,在 2013 年有了儿子 Jasper。2015 年,陈小春开演唱会,明明走的是高冷男人的路线,唱到《相依为命》的副歌部分,身在观众席的应采儿忽然站起来与陈小春隔空互动,陈小春看着头上戴着粉红色蝴蝶结的妻子竟然娇羞地笑了。这一笑,毁了他自出道以来便深入人心的酷男人形象,也狠狠地撒了一把狗粮——他们互动的视频在微博疯传,单身狗们纷纷表示很受伤。

看到那个视频的时候,我想起陈小春和应采儿结婚时签下的卖身契,他说:"每月我的收入都会交给你,我的零花钱由你来支配。我负责供楼水电费,想买什么名牌都随你,最要紧的是你喜欢。"也说,"家务由我来打理,想生男孩生女孩都随你。对你的家人体贴入微,欢迎丈人丈母娘来我家里长住,天天检查我有没有欺负你。"还说,"对你的女朋友很好,有认识到好的男孩子就介绍给她。对你我一定会很温柔,生生世世陪着你,总之今天开始,我的生命里只有你。Baby,我爱你。"

这些情话让人感动,然而最让人动容的,是陈小春在一次采访中说的话:"她是我的女朋友,她很野蛮,对我说话很大声,会直接要求我,可我就是被她吃得死死的。只要有她在,我就觉得快乐、幸福、满足,所以为她做再多事又何妨。"

我想,这大概就是人们常说的那种和深爱的人相处起来十分舒服的感觉吧。2007年,陈小春和应采儿刚刚在一起几个月,两人就承认了恋情。他说她常常笑,他从来没有见过比她更爱笑的姑娘。他是不爱讲话、很少眉开眼笑的"痞子男",他迷恋的,除了她这个人之外,还有与她在一起那种甜蜜的氛围。他们在一起的时候,就像陈小春自己说的那样:"我们是火星撞地球,不过火星缺水,地球有水,地球便泼点水去火星,滋润一下,这样便一辈子了。"

从一开始,陈小春就了解应采儿是个爱笑的无厘头姑娘,她在他的心里独一无二。不管什么时候,只要她需要他,他就会很开心。他从来没有厌烦过她在家里一遍一遍地喊他老公,也愿意配合她拍无厘头搞怪风的结婚照。

遇见应采儿以前,陈小春是《古惑仔》里的山鸡哥,霸道得不讲道理，发现娱乐记者偷拍他吃饭，他不管三七二十一便把水泼在记者脸上，这还不觉得解气，非要骂人家一顿才满意。就算被娱乐记者写成没有素质、脾气不好，他也丝毫不在乎。

遇见应采儿以后，陈小春才开始在意起自己的公众形象。他担心她家人因为他脾气暴躁不同意他们的婚事，一点一点改变着自己，礼貌地对待每一个采访他的人，再遇见偷拍的娱乐记者，他也不再发脾气。

好的爱情，能让一个人变得更好，也能让一个人了解到和谁相处舒服，就和谁在一起，你情我愿，天长地久。很多时候，并不是命运不许你幸福，而是你忽略了，幸福就在你自己的手里，是否幸福，全凭你自己的选择。

这个世界上恐怕没有百分百完美的情侣，就算门当了、户对了，各自身上的棱角也可能硬碰硬，相处起来并不舒服。但这个世界上一定有百分百的幸福——两个人都清清楚楚地知道对方的缺点，但无须为了对方改变，他的长处刚好是你的短处，你的长处又刚好是他的短处，彼此互补，相互欣赏，一起挖一个甜蜜的陷阱跳下去，陶醉在幸福里傻笑，大约就是这世上最幸福的事情了吧。

硬汉马特·达蒙是《心灵捕手》里的天才，也是《谍影重重》里的特工，大银幕上无所不能的英雄在生活中也有自己的软肋：妻子和女儿。

马特·达蒙的妻子是个酒保,他在餐厅对妻子一见钟情,最终抱得美人归。一个是好莱坞明星,一个是普普通通的小酒保,两人之间身份的差异并没有影响幸福,只要相处得舒服,什么都无法阻止两个相爱的人一起生活。他说他其实就是别人口中的无聊已婚男士,学不会布拉德·皮特或者乔治·克鲁尼的高调,只是一个普通而平凡的丈夫与父亲。

你看,即使对方再优秀,你再渺小,相处起来也可以十分舒服。谋爱与谋生不同,只要足够努力,我们一定可以在谋生路上越走越远,离目标越来越近;谋爱路上,爱别离占据绝对的主导地位。也许你不够完美,但是他爱你,与你相处的时候感到很舒服,就会自然而然地想要和你亲近。

最好的爱情,是各自舒服地做自己,再舒服地在一起。选择让你感到舒服的那个人,也愿你能让他感到舒服。

## 深情不如久伴，厚爱不及长情

一

常常听到长辈以过来人的身份开解在感情中迷茫的姑娘，说越是平凡的陪伴，感情越能长久。言下之意，生活就是柴米油盐酱醋茶，爱情也不是过旧酒换新瓶，上一代人平平淡淡地过，这一代人终归也会在平平淡淡中领悟爱情的真谛。

诗人海子写："那时我们有梦，关于文学，关于爱情，关于穿越世界的旅行，如今我们深夜饮酒，杯子碰到一起，都是梦破碎的声音。"有时，我看着长辈们被岁月侵蚀的脸庞，忽然便想到海子的诗，我不知道他们年轻时是否也曾有过梦想，或者想过要和自己喜欢的人一起去实现梦想。只是，在听到他们对陪伴的解读时，我有一点心凉。都说陪伴是最深情的告白，可如此深情而长久的告白,如果用语言来表述,该是一句怎样的话呢?

## 二

有一对 80 后夫妻,他们本是城市中平凡而忙碌的"IT 民工",每天过着朝九晚五又加班的生活,男的叫郭大喵,女的叫龙二喵。

龙二喵深情地爱着郭大喵,郭大喵既深情地爱着龙二喵,也深情地爱着这个世界。他们刚刚在一起的时候,郭大喵承诺龙二喵,说要在 30 岁前带她去环游世界。那年,他们是 20 出头的年轻人,用爱情在彼此的心中种下了一个走遍世界的梦想。

实现梦想之前,先要一起生活。

当时郭大喵是互联网公司的普通职员,龙二喵在咖啡馆做兼职,他们各自向父母借了钱,租了一处房子,开始了合租生活。像许多刚刚毕业的年轻情侣一样,他们白天一起上班,晚上一起回家,窝在客厅看美剧。在不用加班的周末,他们开开心心地手牵手去逛街,或者烤个蛋糕庆祝。

不久后,他们还清了父母的钱,从此脱离了"月光族"的行列。工作渐渐稳定,有了一些积蓄后,他们便结婚了。婚后,他们带着自己亲手缝制的婚纱开始了旅途。从此,郭大喵是陪伴龙二喵拍照臭美的男人,龙二喵是陪伴郭大喵行走世界的女人。

在彼此陪伴的旅途中,他们深深感到生活的奇妙与有趣。有人说，想知道一个人是不是值得嫁，就一定要和他去远方旅行。离开了熟悉的日常，陌生的环境最能考验一个人是不是懂得体贴与照顾。郭大喵和龙二喵曾在雪山脚下搭起帐篷度过漫漫长夜，他们在彼此的怀抱里看远方白雪皑皑和浩瀚星空，心底暖得像三月的春。在美妙的景色和新鲜的生活中，就算有时要裹在睡袋里过夜，他们也很满足——幸福，不是与喜欢的人相守，度过每一个白日与黑夜，而是有喜欢的人陪伴在身边，一起去做想要做的事情，日日夜夜，永不分离。

不论要徒步的是火山还是雪山，他们都曾陪伴对方一起走过；《西部世界》的日出，《阿甘正传》的奔跑，他们也曾陪伴对方一起体验。到 2016 年年末，郭大喵和龙二喵走过拉斯维加斯、南极、智利、秘鲁、厄瓜多尔、哥伦比亚、古巴、美国、巴西、玻利维亚……在路上的 635 天，他们看到了难以用文字描述的美丽风景，也经历了常人难以想象的艰辛，用彼此的陪伴，向对方告白。

## 三

有人说："深情不如久伴，厚爱不及长情。"

初音未来是宅男们的心头爱。她与我们平时看到的偶像不同，是不存在于现实中的歌手，容颜不会老去，声音不会颤抖，全球上亿宅男都为她而着迷。几年前，初音未来利用 3D 全息投影技术举办了一场演唱会，2500张门票瞬间一抢而空，没有抢到票的粉丝，通过付费直播的方式观看了这场演唱会。

初音未来用日复一复的陪伴，虏获了无数宅男。她陪伴宅男一起成长，用虚拟的身份看他们因为实现梦想而开心，又用动人的歌声安抚失意的宅男。这种陪伴，不同于传统偶像的存在，而初音未来与传统偶像之间的区别，大概就是长辈们口中的陪伴与我们想要的陪伴的不同之处了。

## 四

我们想要的陪伴，是无论未来有多遥远，我们都要陪伴彼此一起走过；是无论未来会发生什么，我们都会站在彼此身边，倾听对方把故事说完。

如果要用语言将这告白讲述，便是"我知道这世上并没有完全对等的爱情，你可以爱我少一点，但要陪伴我久一点。其实，也不用太久，只要陪我到梦想实现的那一天，我要和你一起体验实现梦想的欢愉，我只想和你一起体验"。

然后呢？

然后，在漫长的岁月里，继续彼此陪伴，平淡地过完余生。选一座两个人都喜欢的小城市，安安静静度过每一个春夏秋冬，执手信步闲庭看花开花落，为看哪一部电影而争吵，也为晚饭吃什么食物而打闹,最好啊,再养一只猫、一只狗,当他因为你与另一个白发苍苍的老大爷跳广场舞而吃醋的时候,你可以请求阿猫阿狗为你说情。

把每一个明日,都过成你们两个人喜欢的样子,才是完整的陪伴。

时光,是感情最好的见证;陪伴,永远是最深情的告白。

## 给他付出的机会，成全爱情的完整

两个男人同时追求你，都是颜值高的有为青年。身价上亿的男人承诺每个月给你一万元零花钱，从此，你不必再为谋生奔波；毕业不久，工资不高的男人没做任何承诺，只是默默地把他的工资卡交给你，又在房产证上添了你的名字。

你会嫁给谁？

我想，大部分人都会选择后者。因为，后者的付出更有诚意。

我们努力谋生，拼命蜕变成独立而强大的自己，不是为了和一个不懂得付出的男人相伴一生、相依为命的。我们有能力给自己安全感，也不吝啬陪喜欢的人一起做他想要完成的事情，为什么要和一个没有诚意为我们付出的男人在一起？

你情深义重，心疼他赚钱不易，更愿意让他把钱花在刀刃上提升自己，说你自己可以满足自己的物质需求，约会时也常常抢着付账。

你真心实意,怜惜他工作辛苦,总想让他多爱惜自己的身体,无论加班到多晚,你都自己一个人回家,不让他来接……

这样的感情当然值得称颂,但感情归根结底是两个人的事情,你不给他付出的机会,如何鉴别一个人的真心,怎样成全爱情的完整?

当光光满身酒气拼命敲打我的家门时,我知道,她又一次分手了——她是公司出了名的工作狂,向来滴酒不沾,说喝了酒脑筋不清醒,做报表容易出错。

此前,只有一次例外,原因是前男友与她分手。

她喝醉了不哭不闹,倒头便睡。

次日清晨,她像是喝了忘情水,愣一愣神,再瞅一瞅空荡荡的天花板,然后一跃而起,梳洗打扮,涂鲜艳的红唇,画细长的眼线,踩着高跟鞋,挎着贝壳包,娉娉婷婷地出门上班,为未来继续打拼。

仿佛什么都没有发生过。她不提,我也不说。

只是这一次,我低估了她受伤的程度。她足足请了一个星期假用来疗伤,像变了一个人一样。说起来,我与大明还算熟悉,大学同校不同系,是出了名的暖男,他追光光时也是诚意十足的,还曾说过非光光不娶的话,如今他与光光分手,我也唏嘘不已。

唏嘘,是因为我不知如何劝光光。她在职场中向来要强,连复印资料这种小事也要亲力亲为，一来是不想麻烦同事，怕欠人人情；一来也是担心同事不小心印错。每一年的升职和加薪都是她用努力一点一点换来的。

但在爱情中，要强的铠甲可能会成为伤人的刺。

大明不止一次和我抱怨，说他心疼光光辛苦，常常在她加班时到公司等她，顺便把他做的爱心便当带给她吃。每次光光都是收了便当，嘱咐他下一次不要再特地来送便当，有时还扬一扬脸，说："我一个人没问题，你多照顾自己的身体，别让我操心就是爱我啦。"

起初，大明是感动的。可是时间长了，大明常常觉得自己没用——读书时成绩一般，工作后业绩一般，钱赚得不多，升职得先给人让路，唯一能为女朋友做的事情就是关心她的身体，她还不需要。

久而久之，大明被光光硬邦邦的爱折磨得烦躁不堪。他们分手前，大明曾对我说："光光哪里都好，好到不需要我陪伴，也可以过得很好。"我理解光光对他的心疼，本想替光光分辩几句，他却自顾自地继续说了下去，"可能，没有我光光会过得更好。"

大明不是渣男。他与光光分手并没有第三者，如果一定说他有错，他的错处便是没有对光光讲明为什么他们之间会走到各奔东西的地步。

光光不明所以，仍小心翼翼地维护大明，说不是他的错，不怪大明。

爱情没有对错。时至今日，光光与大明成了相爱的陌路人。他们各自努力谋生，一点一点为了梦想打拼，也在同样的深夜里，想念着对方。我问过大明，如果光光肯给他付出的机会，他们的结局会不会不同。大明抽了口烟，想了又想，才说："怎么可能啊。她就是她，独立、坚强，我没有机会为她做些什么。"

我也问过光光，如果时光倒退，她会不会给大明机会让他为她做些什么，她笑一笑，如空谷幽兰，假装没有听到，一言不发。红红的眼圈泄露了她心底的忧伤。

爱情是相互欣赏、相互倾慕，也是相互付出，缺一不可。

电影《胭脂扣》里，十二少与如花演绎了一个生离死别的爱情故事。两人一个是高贵痴情的少爷，一个是绝美执着的风尘女，为了与世俗对抗，两人决定生死相依，用死亡来成全彼此一段完整的爱情。

两个相爱的人舍命同归，无论在哪个年代，都堪称传奇的爱情。戏本里多是些烟花柳巷的风流韵事，才子佳人沦落他乡，多情少爷为与红尘女子一起吞鸦片殉情，当真是少见。

却不承想，两人从此生死永隔——死的那个，是薄命的如花，十二少则被人救了一命。她在地府遍寻不到昔日的爱人，只得再次回到人间找她的十二少。当她几经辗转，终于找到心心念念的十二少时，却是伤心欲绝。

人人都说如花伤心，是因着十二少的懦弱。我却觉得，这只是原因之一。

十二少多情也痴情，为了如花，他与家人争执，甚至肯放下身段做卑微的戏子。那时，哪怕两人举步维艰，爱情也是一朵完整的花。浓妆淡抹，青衣素颜，无论哪一个如花，他都愿意为之付出，倾心爱慕。直至他死而复生，即便心底再爱慕如花，也断不能如旧时那般无所顾忌地付出时光与真心。

如花是风华绝代的风尘女，如何品不出当中差的那几味付出？又如何不懂得，若是少了付出，她一个人做得再多，终究成全不了一段完完满满的爱情？

我们喜欢的是能让我们笑的人，爱的却是能让我们又哭又笑的人。如果没有感动，我们如何流泪，如果他没有付出，我们又该怎样感动？如果你真的爱一个人，就请给他付出的机会。否则，那便只是你一个人的爱情，你所追逐的、所拥有的，最后可能只会成为你失去的。

## 即便在热恋期间,也要和男神保持"安全距离"

心理学中,有一个关于心理距离的效应,主角是两只刺猬。

在地球的某一个地方,两只小刺猬深深地相爱了。它们想像人类那样,给对方一个大大的拥抱。可是,它们身上密密麻麻地长满了坚硬的刺,拥抱的时候总会刺痛对方。它们试了一次又一次,终于,找到了一个合适的"安全距离",既能触碰到对方的身体、感受到对方的温暖,又不会伤害到对方。

两只刺猬的爱情需要保持"安全距离",人类的爱情也同样需要。

小茹对每一段恋情都很投入,投入到恨不得立刻拉着对方去登记结婚。幸亏闪婚这种事只是常常发生在影视剧中,生活中的男女大多理智而冷静,否则小茹经历的可能不仅仅是失恋的打击,而是离婚的打击了。

她对历任男朋友都好,是很真诚的那种好。恋人付出一分,她便回报一分；恋人不舍得让她操劳，她也不忍心让恋人操心。说起来，她对历任男朋友没有什么要求，唯一的要求便是要做到"秒回"，微信秒回、QQ秒回，短信也得秒回："他是我男朋友啊，我当然得时时刻刻知道他和谁在一起，做些什么事情啦。"

朋友都劝她，让她多给对方些自由，她礼貌地回绝，说："如果要自由，干吗要和女人谈恋爱？爱情啊，本来就是不自由的。"她说得有模有样，朋友也不好多说。于是，她失恋了一次又一次，每一次都飞蛾扑火般地爱，烧伤了自己漂亮的翅膀。

姑娘们坠入爱河时，恨不得时时刻刻和男神待在一起。每天分开10个小时，两个小时在上班和下班的途中，8个小时在工作，两只手和一颗心却一刻也不肯闲着，随时等着忙里偷闲，敲击键盘或者触摸手机屏幕，跟男神聊天。我想，大概这就是有的姑娘一旦谈起恋爱，就不能保持清醒的原因了。

无论是和男神约会，还是和男神用各种社交软件聊天，姑娘们的心跳都如怦怦乱撞的小鹿，在这种频率的心跳下，如何还能保持清醒？你当然可以说，这是被甜蜜冲昏了头脑，只有体会过的人才知道其中的美妙。可是，姑娘啊，如果你不保持清醒，怎样才能与男神爱得更加长久？

爱，需要缘分，也需要谋划。谋划两个人共同的未来，也谋划一份更为完整的爱情，从不了解到渐渐知道对方的喜好，到清楚对方的喜怒哀乐，再到了解对方所有的过去与向往的未来，缺少了任何一个环节，爱情都无法完整。

所以，即便在热恋期间，也要和男神保持"安全距离"，给他自由喘息的空间，也给你保持清醒的时间，如此，方能长久地幸福。

刘嘉玲堪称娱乐圈的传奇女子。早年她只身闯荡香港，经历无数波折，最终被称为"一姐"。她与梁朝伟之间的爱情也堪称传奇，他们陪伴对方数十年，既亲密无间，也保持着距离。

刘嘉玲爱玩、爱打牌，梁朝伟则喜欢安安静静地独处。刘嘉玲的牌局上很难见到梁朝伟上桌的情景，就算梁朝伟在，也是坐在一旁泡茶听歌，时不时地让刘嘉玲和她的牌友们尝一尝茶的味道如何。张国荣曾经对此很无奈，刘嘉玲却全部接受。

我想，独立如她，自是懂得给梁朝伟独处空间的益处，正如她懂得独立之于女人的重要性。

从媒体拍到的照片看，她常常和朋友一起玩，有人捕风捉影说她与梁朝伟的感情出了问题，各玩各的，她却说："这个世上，没有多少人可以与他做朋友，也没有人与他有多少交往。他是一个钟情于安全感的人，不喜欢冒险，也不喜欢去尝试新鲜事物。"刘嘉玲是典型的射手女，喜欢冒险，热衷于新鲜事物，但她愿意为她的爱情保留一点"安全距离"，不碰触爱情的禁忌。他们在不丹结婚时，梁朝伟说刘嘉玲是最懂她的女人。这便是保留一点距离的益处。

如果你不给男神一点独立的空间，便无法看到他独立而完整的人格魅力，如何去懂得他？如果因为喜欢一个人，而想要时时刻刻地与他黏在一起，很可能让他误以为你是个没有思想的姑娘，最终伤人伤己。

用相对独立的姿态，给他适度的空间去享受自由，不但不会让你们的爱情产生隔阂，反而会让他以轻松的心态去面对自己的感情，更加清晰地看清自己的内心，也更加清晰地看到真实的你。

铺天盖地的爱，只会让人感到压抑。一份好的爱情是有韧性的爱，拉得开，却又扯不断。彼此深爱又不束缚对方，不完全占有，也不软弱依附，相互不限制对方的生活，又在需要对方的时候第一个赶到，帮助对方走出困境，陪伴对方度过艰难的日子，这才是爱情最美好的状态。

真正完整的爱情，不只需要两个人全心全意地付出，也需要为对方留出一段进退得宜的距离。你们可以完整地占有彼此，但要保持彼此精神的独立。只有保持精神世界的独立，才有能力去思考两个人的未来，进而保持良好的沟通，两个人才可以一起为幸福做出一份清晰而完整的规划，让余生温暖而幸福。

## 性与不性,你的身体你做主

史铁生写:"爱情的事从来不是一桩小事,对于塑造一个人,这种感情尤为要紧。"说起爱情,便不能不说到性。

有人说这是个"天亮说再见"的年代,谈一场恋爱犹如找一个床伴,姑娘们对男神掏心掏肺,哪怕给男神暖了一夜床,天亮就分手也心甘情愿。也有人说,这是个"直男癌"泛滥的年代,想要最纯真的姑娘,自己却做着最龌龊的事情。于是,性与不性,成了爱情里的一桩沉重事。

与有情人做快乐事,性便是快乐事之一。高尚的女性羞于谈性,性感的女性则以性让爱情更加饱满。

电影《爱在黎明破晓前》中,杰西与塞琳娜在火车上相遇,然后度过了一个愉快的夜晚,当黎明到来,太阳升起的时候,他们的故事便结束了。这个没有虐心情节的电影被许多影迷奉为经典爱情电影,从中我们或许可以找到到底要不要性的答案。

几乎所有爱情都始于偶遇,杰西与塞琳娜也不例外。以偶遇为爱情的开始,会让人产生一种"是命运注定让彼此相爱"的感觉。命中注定,一见钟情,当然是一件美好而甜蜜的事情,但可惜的是,可能没有神明能主导人类的爱情。说到底,爱情是两个人的事情,爱是人类最古老也最强烈的感情。想要延续一见钟情的美妙感觉,只能通过两个人的努力一起来维持。

为了维系这突如其来的一见钟情,杰西与塞琳娜下了火车后不断用各种方式保持对话,直到他们躺在夜幕下的草坪上。头顶是满天的星星,他们躺在喜欢的人身旁,没有做爱,也没有睡过去,天亮以后,他们对彼此说了再见。

但,还有约定。因为那个约定,他们在日后结为了夫妻,经历了平淡的日常,也将爱情升华为另一种更加饱满的感情。

我常常在想,如果那一晚他们在星空下做爱了,结局会不会不一样。比如他们可能会难舍难分,不再分离,或者经历了对对方最原始最彻底的占有后,决定以回忆熨帖想念的纹路,终此一生,不复相见。

无论哪一种结局,都不如不做爱完满。但或许,相爱的人无论做爱与否,都不会影响一段感情的长久。爱便爱了,性与不性,你的身体你做主。

街上的姑娘穿的短裙越来越短,从露肩到露背,裸露的身体无不透露出女性对性自由的渴望,想做便做。恋爱,既要满足你的情感需求,也要满足你的身体需求。

但请你记得,你的身体并不廉价,请一定善待你的身体。你的脸上涂着价格昂贵的护肤品、身上穿着光鲜亮丽的衣服、脑海里有你读过的许许多多的书,这些都是你用自己辛辛苦苦赚来的钱换得的。性的前提是彼此相爱,如果你深爱的男神不懂得欣赏你的价值,也不愿给你一场旷日持久的恋爱,就礼貌地告诉他,请他不要亵渎性的美好。

2002年秋天,卡卜斯给里尔克寄去了自己的诗作。没过多久,他便收到了回信。那一年,里尔克28岁,而卡卜斯还不到20岁。此后,他们开始了漫长的书信往来,其中也谈到了爱与性。

里尔克认为,"性"是很难的。"可是我们分内的事都很难;其实一切严肃的事都是艰难的,而一切又是严肃的。……身体的快感是一种感官的体验,与净洁的观赏或是一个甜美的果实放在我们舌上的净洁的感觉没有什么不同;它是我们所应得的丰富而无穷的经验,是一种对于世界的领悟,是一切领悟的丰富与光华。我们感受身体的快感并不是坏事;所不好的是几乎一切人都错用了、浪费了这种经验,把它放在生活疲倦的地方当作刺激、当作疏散,而不当作向着顶点的聚精会神。"

渣男的口头禅是"恋爱太累,约炮简单;一夜之后,一清二白"。如果你喜欢的是这样的男人,就算与他共赴巫山云雨一夜逍遥,多半也不会有美好的性爱体验。因为,你们之间没有爱情。

总有姑娘会爱上渣男，之后才会明白性与爱的关系。从春梦到噩梦也许只是一次性爱的距离。电影《爱你九周半》的情色意味刚刚好。爱是令人着迷的五彩幻想，有爱情的地方便有强势的一方与弱势的一方，爱得更多的人往往付出的更多，而在两性关系中，被控制、被牺牲的那一个也总是爱得更多的那一个。

如果你不确定他爱你，请不要妥协，理直气壮地拒绝他上床的要求。刻骨铭心的爱恋，是你来"大姨妈"时，他温柔地给你煮一碗红糖水。一个懂得爱的男人，会知道爱并非野蛮地占有，而是全心全意地保护。完全接纳一个人的前提，是无条件信任，如果他不保护你，不尊重你的想法，凭什么通过性来与你进一步确认爱与被爱的感觉？

因为相爱，所以做爱，因爱而性的关系往往更为稳定和长久。性，是深爱的男女对彼此最为彻底的表白与袒露，是灵与肉的交流与结合，只有真正相爱，你才能从中体会到不断加深的亲密感。

## 可以冷处理,但不要刻薄了爱情

1997年,"玉女掌门人"周慧敏在大西洋城与拉斯维加斯完成演唱会后,正式告别娱乐圈,与倪震一起隐居加拿大。据说周慧敏刚刚进入娱乐圈时,很羡慕日本女星山口百惠。巧合的是,她与山口百惠都是以清纯气质走红的女性,又都在最红的时候退出娱乐圈,连理由也一样——都是为了爱情。

不同的是,山口百惠与三浦友和婚后非常幸福,而周慧敏的爱情则一波三折。

退出娱乐圈后,粉丝对周慧敏与倪震的感情生活依然非常关注,期待这对才子佳人能像山口百惠与三浦友和一样早日完婚。但两人同居近20年,媒体仍未发布任何有关"结婚"的消息。直到倪震与年轻的女大学生张茆在夜店激吻照曝光以后,粉丝们才恍然大悟——原来倪震是个渣男。

爱慕多年的男子没有把控住他的情欲,想来周慧敏定是伤心欲绝。但她的分手声明里，字字句句仍是对倪震的肯定："今天我能够成为自爱、懂得爱人、拥有着无比勇气与承担的女人，请不要小看这个精神伴侣在我背后为我付出过的一切努力：包容、宠爱、照顾与扶持。都生活了这么久，没有倪震，成就不了今天的周慧敏。所以我敢大胆向各位说一句'我的伴侣绝对犯得起这个错误'，而这句话，亦只我一人有资格去定论。"

岁月不会真的说走便走，它悄无声息地从我们眼前溜走，淘气地躲到我们心里，一点一点改变着我们的容颜。如果没有爱情，倪震不会与周慧敏一起走过漫长的岁月，从青涩到成熟，一日一日看着她在如水的岁月里沉淀成优雅的女子。

他是"鬼才"，仿佛做什么事情都信手拈来：曾在20世纪90年代创办了年轻人的杂志《YES！》，是当时香港销量最高的双周刊；亦写得了剧本与专栏、出得了唱片、演得了电视剧，电台主持也做得有模有样。周慧敏与他相伴多年，因爱而了解，因了解而深爱，她没有大吵大闹，以冷处理的方式直面意外的曝光，爱的重量全部浸润在那份足够理智的分手声明中。

一周后，周慧敏与倪震高调宣布结婚。

这是我知道的最好的冷处理和最完美的结局。

心理学家曾将一段成熟的恋情分为四个阶段，分别是共存、反依赖、独立和共生。

共存，是恋情刚刚开始时的热恋期。在这个阶段，女性通常会希望尽可能多地与喜欢的人待在一起；反依赖，是恋情初步稳定的阶段，此时，女性往往会去做一些自己想做的事情，把原先用来陪伴恋人的时间花在自己的身上；独立是反依赖阶段的延续和加深；共生，则是两个人不约而同地希望携手共度一生的全新阶段。

通常，恋情出现或爆发问题会在反依赖和独立的阶段。在这个阶段里，两个人渐渐了解彼此，充分暴露出各自的缺点，因而常常吵架，甚至试图用冷处理的方式来迫使对方向自己妥协。

有爱情存在的地方，便一定会有矛盾。冷处理不失为一种处理问题的方法，但如果两个人不够信任对方，就很可能弄巧成拙，造成无法挽回的后果。

M 小姐不会吵架，生气起来浑身哆嗦、一言不发，眼泪吧嗒吧嗒往下流。她不是真的想哭，是不由自主地哭，一哭就失了气势，说起话来也颠三倒四，前言不搭后语。

我认识她多少年，她就跟人吵架吵输了多少年。

去年夏天，她发了一条朋友圈，说冷静了三天，没有电话，也没有微信。下面各路围观者纷纷留言问她发生了什么。她统一回答："冷战，S 先生好像已经彻彻底底地离开了我的生活。"

M 小姐统一回复的时候，恰巧 S 先生就坐在我旁边。那天是周末，项目组集体到公司加班，正是午休时间，大家在自己的工位上边吃饭边刷手机。M 小姐的朋友圈猝不及防地出现在大家眼前，我们心照不宣地看了看S先生。

他似乎有所感觉，尴尬地笑笑，说M小姐想让我下个月和她一起去海岛玩，但你们也知道，按照计划下个月正是项目执行的关键阶段，我去不了。

原来如此。事是小事，可M小姐的状态看起来似乎真的要和S先生一刀两断。

她陆陆续续在朋友圈发"大吵一架比冷战痛快多了""如果工作比感情更重要，请你离开我的世界"之类的内容。

S先生一直为项目的事情忙碌，久而久之，这段感情便淡了下来。

项目庆功宴上，S先生可能因为多喝了些酒，取下了一直戴在手腕上的转运珠——那是M小姐送给他的生日礼物，取下的时候，他轻轻说了句，"你呀，长得好看人也好，可惜我们性格合不来"。

那天晚上，M小姐的朋友圈发的是"过去了这么久，依然没有你的消息"，语气里全是遗憾。

S先生并不是不喜欢M小姐，只是当时他处于事业上升期，更希望M小姐理解他、包容他。我和M小姐相识多年，她从来不是不明事理的姑娘，每个人都说她体贴又温柔，连吵架都是一副柔柔弱弱的样子。

不是每一桩失败的爱情都要怪到某一个人的身上，谈情说爱不是玩《大家来找碴》，错了便错了。爱情令人着迷之处，在于它的无解。不但无解，而且不讲道理，从不给人机会去反悔，重新来过。

其实冷战并不可怕。可怕的是，当你用冷处理的方式刻薄了爱情的时候，还不自知。你以为他害怕你真的会疏远他、离开他，焦急地等待他来和你讲和、向你认错、同你妥协。然而当日子一天天过去，你发现他的生活并没有发生任何变化，他依旧上班、下班，有空的时候看个电影，再叫上几个朋友去打桌球。

这时，你开始慌了。

你担心这段爱情会一去不复返，苦苦思索怎么才和他和好如初，甚至想要制造"偶遇"的桥段。但直到他真的决定放弃这段感情的那一天，你依然没有想到，是你处理问题的方式毁了你们的爱情。

从你开始冷处理、把所有的情绪憋在心里、不同他沟通的那一刻开始，就已经在一点一点把他从你的世界推开。这种感觉会让他感到压抑，时间久了，很可能他会像S先生一样，不再留恋一段感情，你们会慢慢地变成最熟悉的陌生人。

与喜欢的人相处和与朋友相处不同，相爱的两个人，彼此靠近、彼此占有，缓慢又霸道地剥了彼此心口的壳，让感情变得敏感、变得脆弱。无论是谁有理，在冷战中受伤的总是两个人，你不好受，他也不会过得好——你以为你只是不想同他交流，对于他来说，可能会演变成千万种不同的假象，比如你不懂事，或者你并没有那么在乎他……

爱情经不起任何推敲。他再爱你，也经不起在爱情中被反复折腾，直到能量与热情被悉数耗尽。

姑娘，如果你还想和他在一起，请在冷处理的同时，也进行自我反思与反省，想解决问题就不要把他从你身边推开。当你刻薄了爱情，爱情也不会让你好过。

## 我们从孤独中来,从欣赏中离开

我们公司有个不成文的规矩,月度 KPI 考核最后一名要回答一个问题:"你和微信互删好友之间发生过怎样的故事?"

为了不回答这个问题,我们都很努力地工作,当然就算真的在月度 KPI 考核中获得最后一名,也不会被同事逼迫着讲出不愿意提起的往事,顶多被同事开几句玩笑。

雯雯是第一个主动讲故事的姑娘。

故事有点老套。她与他是大学同学,没能逃离毕业就分手的命运。她性子倔,不肯向命运低头,几次与他说好互删,又无声无息地把他加回好友。

直到有一天,他不再通过验证、允许她成为他的好友。"可能,是我现在太孤独了吧,还是会想念他,"顿了顿,她继续说,"不过,像我这么普通的女孩子,也的确配不上他。"

我替她感到惋惜。她并不难看,性子也温婉。虽然现在工作能力还有一点弱，但她做事极为细心，且有条理，假以时日，她一定可以成为总监的得力助手。

再普通的女孩子，也一定有值得人们欣赏的一面，如果雯雯一直在孤独中沉沦，无法欣赏自己，可能会越来越讨厌自己，甚至无法体验普通人应当体验到的快乐。

周星驰的电影里，有一位老鸨，叫"烈火奶奶"，与人大闹对骂的场景堪称经典。也正是这个角色，奠定了她在电影界中无可撼动的"恶婆娘"地位。

"烈火奶奶"的艺名叫鲁芬。她20岁入行，香港亚视老板邱德根在看了她的表演之后，马上与她签约。能够马上签约，她所仰仗的并不是颜值——只要你看过她的照片就能肯定。她又高又猛，与"肥姐"沈殿霞有几分相似，看起来也不温柔，活像个男人婆。事实上，她的优势只有一个——欣赏自己。

纵观鲁芬的演艺生涯，她饰演的角色大多是丑角和恶人，细腻的演绎将这些角色刻画得入木三分，性格粗暴到甚至让男人避之不及。

但每一个姑娘都渴望爱情，鲁芬也不例外。

她很爱美。十几岁时，她想像其他姑娘那样纤瘦苗条，便尝试吃减肥药减肥，因为头晕，她才不得不放弃。可就算只能做个"恶毒"的胖子，她也一直是最欣赏自己的人。

与许多同龄姑娘相比，精于粤剧的鲁芬心思更为细腻，也更热爱生活。她厨艺很棒，很多明星都喜欢到她家做客，品尝她拿手的上海菜，男神张智霖便是她的好友之一。

在鲁芬二十几岁的时候，曾有一个男人向她求婚。她差一点就嫁了。她郑重其事地在申请书上签下了自己的名字，几经考虑之后却没有注册，理由是不够爱。当时她身边的人几乎都结婚了，她便也动了这个念头，但如果双方没有爱情火花，又何必拖累人家？这种态度是一个女生对自己的自信，也是一个姑娘对爱情最大的尊重。

直到她去世，都在等待"足够爱"的那个人出现。

她胖、她凶，她是孤独的，也是迷人的。

2012年，鲁芬与刘心悠、谢安琪、陈法拉等美女一同入选"香港高登女神前十名"，此后年年入选，2016年排名第五，超过"巨肺天后"邓紫棋。她不是传统意义的美女，但她的美丽足以征服时光。

我们从孤独中来，也会在孤独中离开。爱情从来不会按照你想要的方式进行，它仿佛与生活商量好了一样，给你一段你并不想要体验的孤独、迷茫的时光。有时，你看着窗外车水马龙、霓虹灯艳，忽然会产生一种被全世界抛弃的感觉。

这不是真正的孤独——你以为你被全世界抛弃，不过是因为甩掉你的那个人没有来关心你。你一个人上班、下班、吃饭、睡觉、看书、看电影……你还没有习惯与这个世界独处，但这不是你看轻自己的理由。

在这个世界上，没有完美的人。如果他离开你，是因为你不够完美，那么他一定没有看到你与众不同的一面。无须挽留，亦无须自轻自贱，任何生命的成熟，都一定会经历独处的磨炼。请在独处的时候更加欣赏自己、更加努力地谋生，自己给自己温暖、自己让自己燃烧，用自身的光与热去开启下一段恋情。

《流星·蝴蝶·剑》里，律香川深夜为自己做一盘热腾腾的蛋炒饭，却并不吃下去，只是呆呆地看着。这才是真正的孤独——不依赖别人，却无法欣赏不够完美的自己，也无法珍惜自己，不能坦然面对这个世界诸多的不尽如人意。

可是啊，这个世界所存在的每一条道路，都有它不得不跋涉的理由。孤独并不可耻，谋爱路上，每个人都经历过带着满身伤痕孤独前行的日子。自我否定或悲伤痛苦并不能终结孤独，反而会加深孤单。太阳光明，月光静谧，这世上，万事万物都有其存在的意义与美好，人类也是一样。发现自己的美好，并以此滋养自己的灵魂，是我们身陷孤独中，最需要做的事情。

孤独无声且静默。在这巨大的静默中，也许黑暗无光，但请你试着看清自己与众不同的好，因为真正与孤独和解的人类，都是懂得欣赏自己的，只有真正欣赏自己的人，才有足够的能力取悦自己，自信而愉悦地生活，心中既有自我，也有自由与未来。

## 你的幸福,不该与他人捆绑在一起

她曾在日记中写道:"请看着我,我是个完整的人。"

她的成长经历像一块下坡路上的石头,只能顺坡滚动,无法享受自主的自由——每当她的养父母决定搬家的时候,她就要收拾好行李回到孤儿院,孤独地等待另一对养父母来领养,然后重新生活。

她是性感影星玛丽莲·梦露。她在恐惧与期盼中度过了整个童年,从那时起,她的幸福便是与他人捆绑在一起的。

后来,为了长久地结束孤儿院的生活,玛丽莲·梦露很早就结婚了。但她丈夫因为服役长期离家,她的生活依然孤独。直到有一天,她接受了一个陌生人的邀请,参与了一次拍摄,由此成了封面模特,生活才发生了转折。

当时,美国正饱受战争的折磨,既纯真又性感的玛丽莲·梦露符合美国大众对女明星的全部期待。万千男人为她着迷,她毫无意外地走红了。

被万众瞩目的光环所笼罩,玛丽莲·梦露依然不开心。她的丈夫不能接受妻子是一位靠性感走红的女星,与她离婚了。然而感情的受挫只是原因之一,尽管她站在地铁口满面娇羞地捂住裙摆飞扬的照片挂在时代广场,她却从没有认为她在事业上获得了成功——她所饰演的无一不是凸显她性感一面的角色。她在《无须敲门》中的精湛演技为人称道,公司却不肯给她出演《埃及艳后》的机会。在公司看来,她的性感是票房的保证,能让男人们心甘情愿掏钱买票,她需要做的并不是成为实力演员,只要保持胸大无脑的银幕形象就足够了。

事实上,杜鲁门·卡波特的小说《蒂凡尼的早餐》是以玛丽莲·梦露为原型创作的,最终出演女主角的是奥黛丽·赫本。经历了一次又一次的失望,她缩回了自以为安全的"壳",嫁给了棒球明星乔治·迪马乔。她以为这是一段幸福时光的起点,满心期待自己能够做一个好太太,生六个孩子,还要为喜欢的人下厨,但换来的却是迪马乔在拍摄现场对她的拳打脚踢。

生活再一次和她开了一个玩笑。她比一般人更加渴望幸福,却始终无法得到,据说她极为害怕一个人过夜,曾向朋友哭诉从来没有机会做自己,一直以来,她只是在扮演玛丽莲·梦露的角色。显而易见,无论是谋生,还是谋爱,都使她感到无力前行。

她一生都没有感受过幸福，始终担心幸福会离她远去，却没有想过，真正的幸福，从来不是从他人身上获得的。

有人说，不够自信且没有自我的人往往不容易感受到幸福。过度对一个人依赖，只会让对方看清你不够强大的内心。幸福，不是你与他在一起，也不是他足够好，而是你站在他身旁看着足够好的他。

真正的幸福，不需要别人来成全，也不该与他人捆绑在一起。《无间道2》里，刘嘉玲饰演大哥的女人，对小弟低眉浅笑，说："做女人其实很简单，只要男人好，我做什么都行。"

大哥的女人，年轻时风姿绰约，眉目如画，或能歌善舞婉转承欢，或吟诗作对红袖添香，端的是大哥风光，她便幸福。于是，大哥的女人，往往红颜薄命——没有人能保得了大哥一生一帆风顺，大哥也保不了他的女人一生幸福无忧。

卢梭认定的幸福，不是由转瞬即逝的时刻组成，而是一种更为简单和持久的状态。他说这种状态本身也许不会给人带来强烈的快感，然而随着时光流转，它的魅力却与日俱增，直至最后，它会给人一种极致的幸福。

你的幸福，与任何人都无关。因为幸福本身就是一件无关他人的事情，谋生与谋爱的路上，是一场得与失失衡的较量，愿你能够鼓起勇气做自己的裁判，也愿你永远忠于自己、不依赖他人，也不索求他人的爱慕，亦无须为自己贴上"某人的女人"的标签。

## 放下过去,才有选择重新开始的资格

那英性格直率,即使面对镜头,也丝毫不遮掩自己的大大咧咧。她曾与足球运动员高峰有一段长达十年的爱情,并生下了一个儿子。一天,那英的幸福被一个突如其来的女人打破,面对这个横亘在她与高峰之间的第三者,那英无法放下他们多年的感情,选择了原谅,继续与高峰一起生活。

这份忍气吞声的原谅并没有挽回高峰的心。儿子出生半年后,那英终于狠下心结束了这段感情。不再年轻,还带着一个孩子,性格也大大咧咧,当时,许多粉丝都为那英的幸福操心,担心她未来的生活,直到那英遇到了孟桐。

孟桐是温和体贴的男人。那英在温哥华坐月子时,忽然想吃醋溜圆白菜。他便在街上找了四个小时,只为买到心爱的人想吃的食物。在孟桐的疼惜下,那英变得越来越有女人味,事业也越来越好。

你努力的样子
真好看

　　如果那英当初无法狠心放下过去,没有选择与高峰分手,今天又会过着怎样的生活呢?分手,是另一段幸福的起点,放下过去,也不是迫于无奈的选择。当年,你曾在茫茫人海中看到了他;如今决定放下,也要将他好好地还给茫茫人海。然后从容转身,歌酒趁年华,你走你的幸福路,他过他的人生桥。

　　谋生路上,我们都曾为了获得成功让自己更加勇敢,期待梦想实现的那一刻,让整个世界看到一个不平凡的自己。感情的世界,更是奥妙到让人无法抗拒。即使普通如你我,一旦遇到喜欢的人,也希望自己马上能像"女神"一样闪闪发光。可是,就算再好看再性感的"女神",在谋爱路上的喜怒哀乐也如普通人一般,不会有太多区别。"女神"不会因为比普通人长得好看就比你我爱得开心,也不会因为比普通人生得性感就比你我难过得少。

　　一段感情的开始与结束都毫无理由,当感情已经成为过往,能够好好面对它已经成为过去的总是少数人。有的姑娘口是心非,明明心底的遗憾那么多,嘴上却说"我已经不想他了"……尖酸刻薄的姑娘,无论过去多久,总会觉得吃了亏、受了委屈的是自己,因此常常用恶毒的话抨击前任,好像她是全世界最委屈的一个。然而,就算有再多的委屈与不甘,该结束的都已经结束了,我们要用力为逝去的感情写下一个句点,并以此为起点,开始另一段旅途。

　　电视剧《宠物情人》中,女主角澄丽是典型的女强人。她毕业于哈佛大学，在谋生路上顺风顺水，爱情路却颇为坎坷，不但对男朋友屈尊俯就，还惨遭劈腿。

伤心失意的她狠狠地关上自己的心门，连同过往的一切。

当她松开缠绕过去的双手，世界反而回到她的手中。

一天，澄丽在家门口发现了一个大箱子，受伤的武志躺在里面。他不肯离开，为了留在澄丽身边，他甘愿做一只听话的宠物。于是，澄丽给武志取名为Momo，开启了一段崭新的恋情，并放弃了暗恋的学长。两人你情我愿，幸福又甜蜜。

你可以对过往一切念念不忘，但不可以执着于过去。阿信唱："终于结束的起点，终于写下句点，终于我们告别，终于我们又回到原点。"放下过去，才有选择重新开始的资格。我们身边的好姑娘，都愿意为自己活得更好看一点，记忆很长也很短，如果你一直无法同过往一切挥手道别，只会让你的心更加沉重，让曾经的美好成为你未来的负担。

无论何时，请你记得，你是要谋生，也要谋爱的姑娘，若不放下让你纠结的过去，如何轻装上阵？三毛写："或许，我们终究会有那么一天，牵着别人的手，遗忘曾经的他。"愿你再遇到的人是此生不换的那个人，也愿你遇到他时，心中空白一片，给他留了整整一颗心的位置。

# 第九章

## 世界那么大,你的道路宽广无涯

别担心,你已如此努力,
一定配得上你所经受的苦难。
世界如此辽阔,愿你找到最想去走的那一条路,
与这美好的世界一样好看。

## 世界广阔,不一定要走寻常路

我们总是习惯于给身体不够健全的人打上"残疾"的标签,我们总是有很多社会默认的规则:应该有稳定的工作、应该有美满的婚姻、应该……甚至大多数时候,父母会帮孩子规划好未来的人生路,我们看不到更多的可能性,好像已经习惯了平常的生活和选择大多数会做的选择。

修长的双腿是模特的利器,所以你能看到艾米·穆林斯一袭长裙,眼神坚定,风姿绰约,或者她抚着长腿,莞尔一笑,妩媚妖冶;她也会谈笑风生,自信美丽,落落大方。

你会为她美丽的脸蛋、高挑完美的身材所倾倒。你不会想到这样完美的模特,会根本就没有双腿。作为健全的人你可能很难想象,一个天生没有小腿腓骨的人究竟会活成什么样子。他们可能一辈子都要跟轮椅打交道,要一直都被人照顾,接受别人小心翼翼的目光，把心中的抱负都锁起来，接受现实，然后消沉下去。如果这算大多数人刻板印象的话，那艾米·穆林斯的确是在自己的人生舞台上走出了一片不一样的风景。

她一岁的时候，就做了膝盖以下全部截肢的手术，小小的年纪还不懂得那些，也不知道自己的不普通。她在父母的引导下，像个平常人一样生活。

她两岁的时候，就已经学会了使用假肢独立行走。她就这样跟两个弟弟一样、跟所有孩子一样，疯得像个野孩子，用她的假腿跑过自己整个童年。

她说："我没有坐过一天轮椅。从小就学会了和我的义肢共生共存，走路、跑步。"你看，在不够健全的人堆里，她走的也是不一样的路。

高中的时候，她积极参加各种运动，做垒球运动员不够，还要体验滑雪运动的激烈。

大学的时候，她参加了残疾人田径比赛。第一次参赛，就打破了国家纪录。可是这并不会让她感觉多骄傲，因为她从小到大一直都是跟着健全的孩子赛跑的啊。

1996年，20岁，她穿着碳纤维假肢，参加了美国亚特兰大残奥会，创下了两项世界纪录：女子100米跑和女子跳远。

这样的成绩的确让人称赞，但在你以为她未来的方向是运动员的时候，她在乔治敦大学拿着奖学金读外交事务，放假的时候，是五角大楼里的实习情报分析员。她的履历漂亮到可以有一份非常体面的工作，你以为办公职员是她以后一直的工作，她又转头寻找其他挑战了。

她说："可是这地方没创新没个性。我想做点别的。"她这个念头一转，T台上就多了一个不完美的完美模特。

她拥有整整一打假肢，这些花费心思的假肢赋予她健全的美丽，又提醒她的与众不同。但是她对待那些假肢，就像对待自己的化妆品，她觉得穿戴假肢的过程，跟挑选衣服是一样的。艾米·穆林斯总用她的常识，来打破我们的常识。她站在不健全人堆里，不赞同那些承认弱者的态度；她站在健全人堆里，不接受他们站在高处的姿态。因为她有自己独特的内在，所以她总走在自己的路上，看起来稀松平常，在别人眼里却是独特又冒险。

世界广阔，无论你是什么样的人，无论你站在怎样的起点，只要你想，总会找到不同寻常的方式，走到你想要到达的那个地方。

## 给自己一点勇气,去面对真相

自然界中的鸵鸟在碰到天敌时,会撅起屁股把脑袋埋进沙里,好像这样就能解决沙包外面依旧虎视眈眈的危机。你或多或少一定也有拖延症吧?工作总要拖到火烧眉毛的程度才跳起来熬夜赶工;想要跟室友说的建议,总要考虑再三,直到最后错过了沟通的最佳时间;自己的财务状况堪忧却还是会随心情买些东西,假装看不到目前的经济窘状;明明很渴望恋爱,可是过了一个又一个生日,感情还是没有什么进展;于是学鸵鸟,好像拖拖时间,骗一骗自己,看不到现实的情况,就会有一定的好转。

《东京白日梦女》里面有三个独身、工作马马虎虎、沉迷于小酒馆聚会的30岁女性。她们会喝着啤酒说"如果……就好了""假如当时我没有……""从明天开始我一定……"这样那样的话,但转个镜头,说好要努力工作却坐了一会儿就跑去做美甲,说好减肥却隔天晚上就去胡吃海塞,说好要找男朋友却看不中这个、挑剔那个。

她们一直觉得自己还是少女，于是跑去相亲酒会，结果发现因为年纪的问题没有男人来找她们。她们一直活在自己的脑内幻想中，什么也不做只会取笑别人，但现实中的自己一直坐在替补席，从来没有上场努力过。

你是不是也有这样的时候，自己蒙着自己的眼睛，幻想着自己站在那片场地，把里面正在努力的人替换成旁观的自己，忘记了事实真相。也或许是你在怕，你害怕如果自己上场，万一输了会很伤心，那时也一定会有跟自己一样的旁观者发来嘲笑。

你在拖着工作，假装自己工作游刃有余。很多时候你都很会骗自己，因为你怕睁开眼睛看到现实的情况，届时一定要付出努力去解决。可能是你害怕付出没有回报，可能是你害怕旁观者的碎语太伤人。

《被讨厌的勇气》里面一个场景非常有趣。

面包店里面，一个小女孩冲到柜台前，看到玻璃箱里只剩最后一块草莓蛋糕，便嚷嚷着说要吃，但还是被妈妈拉着排到了队伍后面。那排在前面的人都非常自觉地要巧克力蛋糕、榛子蛋糕，背景音还是小女孩的不停重复。

"草莓蛋糕，谢谢。"

画面一转，女主角坐在阳光下的小白桌前，一口接一口地把精致的蛋糕送进嘴里，享受的表情好像完全听不到小姑娘的哭喊，也看不到周围人异样的眼光，也不在乎那些人的窃窃私语。对于自己的选择她很坦率，在社会大规则的前提下，她拒绝勉强自己做个好人，她了解自己并接受自己、内视自己，她知道草莓蛋糕是自己最想要的真相，所以她有勇气去为自己达成那个目标。

老人都说，不要把一个正在梦游的人突然叫醒，不然做梦的人容易受到惊吓出现问题。所以当有一天，你突然从"事不关己的旁观者"的假象中醒来，那应该用什么样的办法去面对真相？是全身心一头扎进工作，还是盲蝇一样随便撞入一段爱情？

李若彤40多岁，单身。现在的她换上一身白衣，依旧是杨过的"姑姑"。她曾经长达十年的恋爱，最后无疾而终。

一个人爱或者不爱，爱情中的当事人一定最明白，只是看你有没有勇气去戳穿自己编织的"一切都好"。分手以后，她用五年的时间去接受真相。现在她再次出现在我们面前，优雅美丽，她选择独自强大起来去面对现实。

我们不能说这种选择是绝对，因为选择结婚生子，安定平稳也是一种生活。重要的是，你会怎么选择。所以不要再继续做着假设了啊，你适合什么样的日子，总要去做才行啊。鼓起勇气看清现实，然后听从心底的声音放手去做就好了！

最后那三个女人走在秋天的林荫小道上："人生是个漫长的故事，主角就是自己。就算在这股市中不断失败，找不到答案，前途渺茫,我们也只能继续这段人生。"

　　真希望你能正视现实,无论是客观的真实情况,还是主观的真切要求,然后鼓起勇气站在你一直逃避的地方,坦率地去解决那些烦恼和困难。

## 负能量是与生俱来的黑暗物质

被打开的潘多拉盒赋予了人类贪婪和欲望,但是教养又给我们戴上了克制的金箍,因为理智和欲望总打架,所以原本单纯的情绪渐渐便形成了负能量。我们嫉妒、虚荣和软弱,嘴巴总有抱怨,也许你正在讨厌这样的自己。

日剧《大川端侦探社》里面有一句台词:"无论男女,都有一定程度的变态,关键在于会不会偏移正规。无法回归正常生活,那就变成真正的野兽了,但我知道怎样能避免变成那样。"学会安慰本能,也是人类智慧的其中一项。既然是本能,我们自降生就身负"七宗罪",所以对于这些阴暗面、那些负能量,我们不能否认它们的存在。

原本是一样水平的同事,专业能力突然大幅增长,有更多的工作机会;曾经一起逛吃逛吃的朋友,经过努力瘦下了好多……你的嫉妒心会在太多情况下被激发,你觉得这个情绪太负面,于是你把它隐藏起来，戴上面具。有趣的是，因为我们天生的劣根性，如果我们一点也不考虑别人，只顾一味自私或负能量的话，朋友或者恋人大概都没办法相处，所以没有全然释放的自我，只有学会和负能量相处的自己。

"我虽然极其鄙视他的人性，但还是很敬重他的能力。"当新垣结衣在电视剧里说出这句台词的时候，我就知道她懂得自己，知道自己和自己应该怎样相处。

有人说爱抱怨的人往往没有主见。他们常常挂在嘴边的话是："都行啊。"可一旦真的都行了，她就会和别人抱怨，说："怎么成了这种结果？"不敢凭自己真实的意愿做出选择，明明就是不想为自己的选择负责任。轻轻松松说一句"我都行"，把责任都推给了代替她做出选择的那个人，自己落得轻松。结果人家没能选得如她意，她就浑身散发出负能量，向周围的人抱怨，甚至装可怜。既然如此，那为何不在关键时刻，自己做出决定，对自己负责，为自己的负能量做出清理？

对啊，你嫉妒她比你苗条、比你漂亮；你嫉妒她的工作比你好、生活比你快乐；你因为没有规划而拖延，总要多多少少付出一定代价；那你为何不做出改变来扭转这种让你不爽的局面？

我曾看到这样一句话："是骄傲、虚荣、嫉妒和报复，支撑你走到今天。你的成长依赖这些负能量，而非天生的善良。"你看，其实我们一直都知道应该怎样同自己的小情绪相处，只是你还没有做好准备接受那样的自己,你总喜欢为自己找个漂亮单纯的理由,毕竟,没有人想做个恶人。我们的负能量无法被完全消除,但我们的负能量也不应该被隐藏和遗忘。也许你可以试着去接纳它们,用更开放的态度仔细体会自己的情绪,接受自己的不完美。

我总会记得一个电影里的场景:女生双手拎着高跟鞋在林荫道上轻快地奔跑。斑驳的阳光从她脸上掠过,四周的行人都看着她,她却用笑声回应,最后她跑累了,坐在公园的长椅上,看着脏了甚至有几处破皮地方的脚掌,轻声说:"啊,脚掌都脏了。"但她脸上是有笑的。

你是不是也可以学着她那样,抛开别人的眼光,这样你不会被虚荣缠身;试着遵从心底最真的声音,这样你会少些不平衡的抱怨;试着说服自己:"我本就是一个平凡的人类,完美是上帝要考虑的事情";试着不去自欺欺人隐藏那些情绪,这样你会越来越了解自己,更懂得疏解和激励自己。

我喜欢某些日剧,是因为我们平凡生活的场景和永远不会被消除的小情绪搬到荧幕上时,在无伤大雅的寸度内,我们看着男女主角烦恼、抱怨,负能量爆炸,然后学习和自己相处,最后成长为一个向着阳光更积极生活的人。温馨细腻的样子,是我们想成为的人。

因为我们太向往美好了,所以我们总给自己罩上一个完美的壳；却忘记我们会笑也会哭，我们向往完美是因为我们不够完美，我们向往美好是因为我们总有腹黑的一面。所以啊，请和你的负能量一起成长，一起抵抗挫折的刁难吧。

学会和不够完美的自己相处，正视自己的小情绪，也许当有一天你真正学会了接纳，会发现世界的阳光明亮、温暖了许多。

## 愿你的偏执都可寻根溯源

百度百科上说偏执是过分地偏重于一边的执着。

关于偏执,我们总是能听到很多抱怨的声音,甚至有时候来源于自己。你可能会开电影的音量到最大声,在嘈杂的深夜睡去;你永远会选择坐在靠过道的地方;哪怕矿泉水才是解渴的正解,你也总会毫不犹豫地选择可乐。

你的偏执往往体现在微小的细节中,使你成为人们眼中的样子。

我不知道你身边的人或者你自己有没有这样的经历。身边的某个人一定要达成某件事情,明明它没有意义,也找不到偏执的源头,不分对错地执拗,就是闭着眼睛走到底,听不到、看不见,弄伤了自己也伤害了别人。

我们的这个世界千奇百怪,光怪陆离,我们容易因温馨的生活微笑,容易被迷人的偏执吸引。

你努力的样子
真好看

你有没有发现，在法国街头，你用英文做开场白问问题是不会收到回复的，只有你入乡随俗地问声"bonjour"，那些看起来偏执的法国人才会满意地同你用英文交流；我看到过英国人用平缓的发音说面无表情的笑话；日本人标准90度的鞠躬。万物皆有因，我能看到的那些人的偏执源于他们对国家和血缘的推崇。

我也见过那些坚守着偏执的人。匠人执于作品，享受远离喧嚣的孤独，拒绝访客，对私密空间严防死守，害怕打扰；艺术家执于与众不同、特立独行，总要有哪里不同才行，如果有哪里跟别人一样，就觉得自己俗了，就要生气。他们总是投入地做某件事情，无论如何都不觉得厌烦，没有想过放弃。杨丽萍的舞蹈惊艳了很多人，她好像生活在世外桃源，偏执地不想沾染俗尘，她看花看蝶，用身体舞出生命，她的那些古怪，是源于对跳舞的热爱。

我喜欢这些事出有因的偏执，他们像一定要把事情做好的小孩，一心扑在上面，不关心外界，偏执在自己的小世界，钻研着会让他们雀跃欢欣的爱好。不理解的那些人，就不用理解了，你不在乎，但是只有你知道，偏执才是区分你和别人不同的地方。而且，我希望你的这些偏执都能追根溯源，延伸到自己心底最满意的地方。每个人总会有这样那样的小固执，就是改不了转不开，但正是这些侧面，才拼成了现实中三维的自己。

第九章

世界那么大，你的道路宽广无涯

安迪格鲁夫说："只有偏执狂才能生存。"他是带领英特尔走出危机的人，也是乔布斯前硅谷的旗帜人物。

董明珠说："我从不犯错，该偏执的时候就要偏执。"她是带领格力从销售收入1个亿、从利润1%都没有甚至亏损做到了现在有13%利润的格力。

他们在自己的专业领域取得了比较大的成就，他们自信、敏锐、果敢，这些都是支撑他们偏执的精髓。当一个人开始做大胆的事情，他喜欢这件事情，他就会真真切切开始做这件事情。可能，我们眼里的偏执，是他们认为的不理解。

偏执的情况有许多种，我应该怎么做才能知道对错呢？没有对错，只有值不值得。为什么大部分我们喜欢的画家、音乐家、科学家是古怪的，他们的偏执在画质上、乐谱上还有试管里，我们的不理解无法对他们造成任何影响。他们放弃了被人理解，去做自己最喜欢、最想做的事情，哪怕半年的画作被弃置重来、哪怕几年的研究没有结果、哪怕谱出来的音乐被放在箱底，他们自己和自己较劲、自己和自己偏执，在我眼里，他们是可爱的，他们的偏执是值得的。很怕没有理由、没有价值的偏执会让人身心俱疲，哪怕是偏执者自身。你花费了那么多的精力和时间，去做了一件自己都说不出意义的事情，值得吗？

姑娘，如果你一定要做个偏执的孩子，我希望你能了解自己

你努力的样子
　真好看

所偏重执着的是什么。做一个可爱的偏执者，如果你连自己都追不到偏执的源头，那就放弃吧。这个世界很大，这个世界也有很多面，那么多的东西你还没看到，其实你的生活可以更精彩。

## 你本身已经是美丽的蝶,要蜕变成攻防合一的武器

"最是人间留不住,朱颜辞镜花辞树。"这是王国维《蝶恋花》中非常经典的一句话。岁月流逝带走如花的容貌,这是一个逃不开、避不了的自然规律,也是来自人间的无奈。我们默认了时间和容颜的反比关系,美丽是只脆弱的蝴蝶,纤翅翩翩,不小心就被钟表的齿轮刮画了斑点。

我们都喜欢漂亮的姑娘,她们青春漂亮的脸蛋从某种意义上来说是个杀器,我们都太容易在这种美貌的攻势下妥协了。随着现代社会科技的深入发展,还有传媒的无孔不入,我们对于美进行自发式传唱的程度更甚于古代。我们见识到了各种各样的美,我们对美丽越来越追捧。所以演员、模特,甚至直播、主播,大部分都在外貌上设下了"好看"这道门槛,好看的人似乎也更容易生存。韩国越长越像的女生,中国越来越尖的下巴,越来越多的明星脸和网红脸……可有部分人热情追捧单纯的美貌,相对的,也就会有好看的人活出不一样的漂亮。

法国作家玛格丽特·杜拉斯在小说《情人》开头有段话:"你年轻时很美丽,身边有许许多多的追求者,不过跟那时相比,我更喜欢现在你经历了沧桑的容颜。"

80多岁依旧活跃在模特领域的卡门·戴尔·奥利菲斯可能是这句话最完美的诠释者。

模特这个行业的保质期能有几年?一般是五年,再优秀点的模特是十年,可是卡门从14岁登上杂志封面开始,就没有离开过模特这个行业。现在的她,脸庞棱角分明、满头银白的秀发、身材看上去匀称、完美,T台上的卡门,是"凌厉优雅"的女王。你能说岁月没有拿走她年轻的皮肤和青春的美貌吗?她脸上的皱纹是那样明显,可在大众眼里她是那样美丽,充满了跨越性别的吸引力。拿现在的她和年轻时候的照片做对比,卡门的确老了,但是她身上因岁月洗练而愈发出众的优雅重新阐释了"变老"的含义——变老可以是一种进化。

当 Vogue 杂志的传奇编辑黛安娜·维里兰第一次见到卡门的时候问道:"你认为自己美丽吗?"卡门自信地回答:"没有人可以否认我的美丽!"卡门的自信成就了14岁登上杂志封面的自己。虽然卡门的收入越来越多,但是她的生活依旧很节俭,被邮差通知去拍杂志照片时,她是穿轮滑鞋去的摄影棚……她像站在泥水中的大树,沐浴着赞美和掌声的阳光,从生活中汲取力量。

她年轻貌美,可惜看男人的眼光很差,她离过三次婚,破产过两次。每次破产都是把所有的积蓄都丢掉了,她就像回到了14岁以前一无所有的时候,甚至更惨。现在你看到她会把廉价的毯子改造成大衣,依旧会戴28美元的廉价饰品,也会把高级成衣在T台上走出岁月优雅变老的味道。卡门说:"我从不会试着去迁就衣服,也不迷信减肥节食,我喜欢自在地生活着。"

出生于1952年,现年65岁的玛丽·海尔文被誉为"不老超模"。她从15岁起就成了职业模特,至今已经从事了将近半个世纪的模特事业。60岁那年,她把比基尼穿在了身上,无视比基尼是"年轻女孩专利"的标签,并以此照片登上了时尚杂志封面。玛丽·海尔文说:"我从不相信一个人的年龄可以定义这个人的美丽。"

你看,当你的美貌被气质沾染的时候,就已经跳出那个反比公式。看着T台上优雅自信的老奶奶,你会不自觉地被吸引,她们的容颜进可征服时尚界,退可坚守心中信念。她们都有自己的味道,这是她们坚守自己的外在表现。

姑娘,你还这么年轻,可比这些老奶奶好看多了。不要害怕年龄盖上的印章,抛弃时间和美貌关系的刻板印象,不要被年龄束缚。在生活中始终保持活力,对事物充满好奇并勇于尝试。运动、学会保养,思考、去内视更深的自己。卡门说:"保养是一种文化,是一种内涵,是一种幸福的能力,更是一种生活态度。"你要保养的不是单纯的外在,你要让自己保持那么一份真,一份面对世界的纯粹,要保养自己的那一点热情和坚持,不要被生活的油盐酱醋所磨灭。

　　希望你能一生美丽,我希望漂亮能够帮助你在某个领域更上一层楼,也希望你的好看不是单纯的好看。这个时代有太多诱惑,也有太多选择,你这么漂亮一定要有点什么来坚守自己的内在。单纯美丽的蝴蝶易折,但你可以不只是蝴蝶。当你不惧时间和磨难,依旧有热情和某种纯粹的执着,姑娘,你可以去看看镜子里的自己美得多强大。

## 与世界一样好看,是你最该去做的事情

一生那么长,我们总在成长。

当我们还是个小女孩的时候,我们幻想白马和娃娃,我们开始投入恋爱和收到鲜花,后来我们走到大人的世界,那里没有城堡和童话,于是很多女生开始收起公主的粉纱,穿上坚强的盔甲,忘记了自己和这个世界一样,一直都很美啊。

我们很多人都在平凡中过着平凡的日子,像《遇见你之前》中遇到男主角之前的露一样。

作为小城镇出来的普通姑娘,她年轻,充满纯粹的热情和活力,但也单纯,略有无聊。坐在轮椅上的男主角则终日怀念意外发生前的自己,绝望又刻薄。

当有一次男主角问露在下班后干些什么,露搜肠刮肚地回答说:"照顾家庭,偶尔会去酒吧,看电视,看两页书,工作,回家。"显然这还是女主角努力丰富过的答案,说出来后,她自己也觉得有点无聊。然而这种生活，在屏幕外的你，听起来会不会有点熟悉？男主角坐在轮椅上认真听了她的回答后，说："你的生活比我的还平淡。"后来露就被男主角带领去感受什么是丰富的生活。她去看赛马、听音乐会、潜水旅行，和他谈一场热烈的爱情。

这部电影改编自小说《我想要你好好的》，也许这个名字能更好地表达露和男主对彼此的感情。露热情、善良，她对这个世界充满热情。虽然她的生活不如男主的精致丰富，虽然当时她穿着五颜六色的衣服，但她有着自己向上的信念和坚持，她知道从公共汽车站走回家有多少步，她知道她喜欢在"黄油面包"茶馆工作，喜欢这有点迷糊又有点窘迫的生活。她知道很多事情，包括她想要男主角好好的，即便不能去征服他的星辰大海，她也想他能好好地顺从自己的心意，活着或者安乐死。

我总会记得影片中的一个画面，当男主离去后，露穿着大黄蜂紧身裤走在巴黎街头，泰然自若地挑选一瓶香水的样子，依旧温暖、充满活力，不过又多了一点自信和优雅的味道。

露在遇到男主以前，是朵小小的太阳花，守着自己的小日子也许过得没那么精致，但也足够自得；露在遇到男主以后，是株大大的向日葵，向着阳光肆意生长，穿上了自信的耀眼衣裳。我不能说哪一种更美，这是她在不同情况下的两种状态，但她之前五颜六色的衣服和最后的大黄蜂紧身裤都表达了，她还是那个向阳而生的她。

即便你已经不再做住着城堡的梦,即便你已经扛起很多责任,但你还是你,你有依然美丽的权利。说"女为悦己者容",这是你爱自己的表现。沙滩、草原、阳光、冰川,既然你还会慨叹美景,就抽空对着镜子仔细看看自己,去欣赏镜中人的优点。

周国平说:"灵魂只能独行。"在两个人相处的过程中,我们越来越注重精神世界的交流,大多时候有情人走不到白头,但是没关系,你来过,我们爱过,我们分开了,依旧在未来做最好的自己,我们懂得尊重自己和世界,所以我们努力,但我们不会强求。所以啊,姑娘,不要妄自菲薄,你本就很好看了,那就不要辜负自己的这份美丽,请像感慨花儿一样去爱护自己。我知道在爱情里你很容易沦陷,你努力追求的样子很好看,并不卑微,没人能嘲笑你这样的勇气,但你也知道不会有那么多的皆大欢喜。如果你的努力被对方看在眼里却一直无动于衷,请停止,不纠缠才是你该有的姿态。像露尊重男主角选择死亡那样,尊重对方的不接受。

我也见过歇斯底里的爱情。

她看中了男孩的帅气体贴,但是他们的开头不是很美,所以即便她先表白,男生也没有接受。她开始用行动表示自己的决心,每天下班买点水果或者酸奶挂到男生家的门把手上,哪怕她第二天能看到前一天的东西原封不动,她还是不肯放弃地风雨无阻。

终于有一天,男生在自己家门口堵住了前来送东西的她,好声好气劝她,别做无用功了,他真的不喜欢她。后来几天,她就像真的放弃似的消失在男生的世界里。直到几天后一个清明节的中午,她跑去男生父母家门口跪着求同意,连磕头带哭喊。

当然,最后男生妥协了。那个女生坚持着付出感情一整年都没有回报以后,平静地跟男生提出了分手。

爱情是两方吸引,而不是强制捆绑。所以姑娘,我喜欢看你努力变得更好去把对方吸引过来的样子,我喜欢看你对自己好的样子,我喜欢你会赞赏花很美、天很蓝时恬淡的样子,我只是不想看到你忘记了世界很大、自己很漂亮的样子。

在这个辽阔无边的世界里,你最该做的,是宠辱不惊,向阳生长。请坚持自己的内心,尊重自己的感情,尊重每一个个体,让自己长成一株不辜负阳光的向日葵。

因为,你要和这个世界一起好看。

# 第十章

## 愿你走过的曲折,都会变成彩虹

> 我们所经受的一切曲折,
> 都会成为人生中不可分割的一部分。
> 走过曲折,你会拥有彩虹般绚烂的人生,
> 有能力爱自己,有余力爱别人。

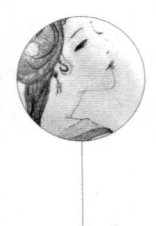

## 人生该有的弯路,你一步也少走不了

你身边一定有这样的同学吧?她上课喜欢睡觉,成绩却总是很好,你说她押题很准很幸运;你身边一定有这样的同事吧?有晋升和深造的机会都少不了他,你说他这么容易被赏识很幸运;你身边一定有这样的姑娘吧?她有条件很好的男朋友并且两人非常恩爱,你说她遇到了这样的男人很幸运,又说他们的事情一下子就做成了,少走了那么多弯路,好幸运。

14岁就进入央视担任青少年部节目的主持人;15岁就主演电影,家喻户晓;是央视女主持人的台柱之一,四次登上春晚的舞台。朱迅的这些经历拿出来,你可能会觉得命运给这个漂亮的女人开了挂,她有"幸运"这个捷径的秘诀。

可又怎么会有人一辈子幸运呢?有时候会因为自己的努力或者机遇,获得在别人看来是幸运的成就,可最后总会有某种挫折在某个地方在等你,想要把你打垮。

愿你走过的曲折，都会变成彩虹

2007年年初，朱迅患上了甲状腺肿瘤，而在准备手术期间，她还在第六届央视小品大赛的决赛现场谈笑风生，没人看出她当时的身体状况；前段时间鸡年春晚，拥有29年主持经验的朱迅再次担任春晚主持人，虽然她的甲状腺癌突然复发，但在2017鸡年春晚的舞台上，她热情爽朗的声音没有缺席，大概还是没人能看出她当时是个癌症患者吧？

你看，幸运这种东西，大概是足够努力以后表现出来的优秀。而那些写在我们前方路途的不如意，才不会因为幸运这种东西就不出现了呢！

我很喜欢朱迅母亲说的一句话："50岁前是正文，50岁后是注解，人生前50年是可以奔波的，可以去书写不同的精彩故事。"这句话给人生很大的自由，17岁的朱迅也是在这句话的影响下东渡日本，当时的她，手握五部电视剧的片约。我们谁也说不好，朱迅如果不去日本会不会更成功，但我知道，如果选择留在国内拍电视剧，央视可能会损失一名主持人。

朱迅的日本求学之旅在当时看来，是苦的，换作现在回头看，那是成就她的一部分。半工半读的她很难得能找到一个打工的机会，所以在朋友的引荐下，她对这份工作十分看重，还特地换上蓝印花连衣裤去面试，因为当时她觉得这身衣服最漂亮。当时她的日语还不是很好，只是一直说"没关系，没关系"在努力争取这个工作，直到工作敲定，她跟着一个日本妇人拿抹布从1层打

你努力的样子
真好看

扫到 18 层的厕所，小小的朱迅终于没忍住，眼泪掉下来跌落在地上。

现在朱迅接受采访的时候，还对那段经历记忆深刻：每次工作得弯腰 5 个小时以上，工作过程中还有不少白眼和嘲笑，从小家境就不错的朱迅还要忍受工作环境带来的不适。我们这些旁观者猜测，可能是她经历了这些，扛过了磨难，所以在后来的人生路上，多难的事情她都能坚持下来，笑着面对，就好像幸运之神常伴左右助她一臂之力一样。

也是后来一次打工的机会，她再次接触到主持行业，面对摄像机、闪光灯、麦克风，那一切熟悉又陌生的场景，她找到了自己最想、最喜欢的职业，一下做了 30 年，现在还没有停止。

朱迅说："人这辈子能够做自己喜欢的事，才是最大的幸福。"从主持到演戏，再到出国留学重回主持，朱迅绕了一个圈，终于找到了自己最喜欢的职业。如果一个人的命运被注定了要做主持、要当医生、要成为歌手，那在成为这些之前，不多拐几个弯去试试更多可能，那命运这个编剧该多无聊啊。

"不要怕走弯路，人生随时可以重来。"70 多岁开始作画的摩西奶奶，在 80 岁的时候在纽约举办了个展，她的绘画作品受到很多人的喜爱。

你看，这世上所有的弯路，只有自己走一遍，才会甘心，你做出的选择才有意义。所以不要迷信所谓的幸运和一步登天的捷径了。日子是过出来的，幸福也是自己建造的，只有自己的眼泪才能教你做人，只有自己的后悔才能帮你成长，不要羡慕别人，不要嫉妒幸运，自己脚踏实地过好现在的日子才是你最该做的事情，未来的事情谁说得准呢？

要相信，人生这么奇特的东西，还是要靠自己双脚走过才是自己的，那些所谓的弯路，就是成就你自己的人生路啊，那怎么能少走呢！

## 除了你自己,没有人能打击你

你喜欢拍照,你喜欢画画,你喜欢唱歌,你喜欢跳舞,你喜欢……

你喜欢很多东西,但身边总会有这样那样的杂音,说你的作品不好、说你的身体条件不行、说这个行业太难,他们总是有各种各样的理由去否定。渐渐地,你信了,你真的也开始否定自己,事情还没开始,你就已经开始从别人那里感受挫败。

你觉得一定要捂紧耳朵才能拒绝这种打击吗?那么,试着对着镜子里的自己问个问题好了。

"你是真的很喜欢做这件事,还是喜欢听别人对你做这件事的赞赏?"

都说这是个看脸的时代,看起来好看的人似乎容易得到更多的喜爱,可万事总有例外,鸡年《一年又一年》的小品,足够把贾玲送到观众眼前,再次证明她的努力都值得。

贾玲因为母亲的一句口误,从戏剧跳到了喜剧专业,开始说相声。但可能是一般相声都会牵扯到一些伦理哏,还有少部分荤口的东西,这个行业对女性不是那么友好。

张寿臣先生曾说:"中国社会中,女性被赋予美的期望,然而相声演员一使相就不美了。"这也是为什么我们很少在相声的舞台上看到女性,这个专业对于女性来说就是一个禁地。

但是关于这个错位的经历,贾玲倒是淡然:"我觉得我本身也挺搞笑的,就学呗。"

她说:"当我聊天的时候,说一句能把朋友逗得哈哈哈大笑的话,就会特别满足特别开心,所以当我能逗笑更多人的时候,我那点关于幽默的虚荣心就得到了满足。"她喜欢说相声这件事儿,她听不见质疑,不在乎闲言碎语。都说练相声,三年胳膊两年腿,十年练不了一张嘴。说学逗唱哪个都少不了,时间长了,路子容易越走越窄。可贾玲不仅没有把路走窄,反而探索出一条新路,她把舞台元素、嬉笑耍闹的表演元素融入相声舞台,打破了两个长衫男子立在原地捧逗的刻板形象。

"哇,你在我心目中的形象顿时高大了许多。"我相信很多人是从这句话开始认识她,并记得这个肉肉的姑娘,这就是她酷口相声作品《芝麻开门》中的一句台词。她两年拿下春晚作品三等奖、她熬夜想段子、她参加各种综艺节目、她在自己的喜剧事业上越走越远,但当她真正红起来的时候,这个看脸的世界对胖子的恶意也使她感受得越来越深。

　　她被很多人问过为什么不减肥,她说当她下定决心要一辈子逗乐观众的时候,对于体型她就没有太多执着了。她参加过那么多节目,拿她体形做笑点包袱的数不胜数,尽管这些不友好的声音很大,但是我们依旧能看到她甜甜的酒窝。

　　现在,她会面对镜头说:"我胖一点可爱啊,我觉得胖一点有钱啊,胖一点旺夫啊。"她不接受外界对胖子的评价,她在肯定自己,自己过得开心、自己喜欢自己就好了,为什么要活成别人嘴里的美女呢?

　　女性喜剧人自古便是丑角,从苑琼丹的"石榴姐"到印象深刻的吴君如,都是不遗余力地在扮丑,这里的丑不单指外貌,还有扮演的人物性格。我们天性向往美好,但是我们也有劣根性,那些女性喜剧人拿出了扮丑的勇气,还有一部分观看者在肆意评论,甚至人身攻击。如果不是对喜剧有足够的执着,如果不是对自己有足够的信心,那些近似发泄的词句大概会毁掉一个人。

　　张小娴说:"当你有愤怒、生气、被遗弃等负面情绪时,回到身体里,去感受此刻身体的感觉。用你的呼吸轻轻地去抚慰你最不舒服的地方,告诉它'我在这里,陪着你。没关系,你可以痛、你可以紧绷、你可以不舒服,我允许你如实地存在'。"这就是无论外界的声音怎样,能左右你的,还是只有你自己。

　　贾玲创办了自己的公司,为了给中国的喜剧人创办一个更好的平台；吴君如作品优秀，奖项加身；苑琼丹也依旧活跃在银幕上。

你看，当你自己觉得自己很漂亮的时候，你会花费心思打扮自己，外界说你长得不好看，难道你就要放弃打扮了吗？你喜欢的穿衣风格是你自己个性的体现，别人说这么穿太丑，你就要整改衣柜吗？你喜欢一个人，别人说你配不上，你可能会放弃，但是你就真的能一下子停止对他的喜欢了吗？其实你也知道，外界的声音再喧嚣，只要你自己不当回事，你就不会受到很大影响，听自己心底的话，做自己接受的事，一件事只有被自己否定，那这件事才算被盖棺论定。

赵本山说："我不可能让全世界的人都喜欢我。"每个人有不同的大脑、有不同的喜好，你无法面面俱到去满足所有人，他们也不值得你去那样做。但世上只有一个人值得，你和他一起长大、你生来便和他一同看世界、你一直在试图了解他、他是你最值得喜欢的人，这个人就是你自己。

我没有办法告诉你要如何喜欢自己，但首先，请静下心好好倾听自己的声音，相信自己的选择。所以，请放弃执着别人的评价、鉴定自己吧，毕竟否定这件事，真的要自己来才可以啊。

## 人生那么长,谁没被挫折绊过脚

　　人生路漫漫,不知是谁定的命运这一环,总设有各种挫折,而且一环又一环。但我们的人生又是那么长,只要你想,多痛的伤口总会愈合,哪怕留了疤,至少也是走到憧憬的未来了。

　　电影《海边的曼彻斯特》发生在美国的一个只有五千多人的海边小镇。这个小镇很平静,人们根本不会想象自己会和什么意外有关。晚餐是意大利面,喝几口玉米汁,把孩子哄上床你也就睡了,再睁眼就是又一天。

　　这个曼彻斯特冬天非常冷,冷到会把土地冻上。一个平常的冷夜,家里很安静,妻子和孩子都睡了,酒醉的丈夫为了让家里更暖,随手在壁炉里添置几块柴,然后走出家门去熟悉的便利店买瓶经常喝的酒。这样的夜晚在过去的多少年都会重复,这一家的这一夜真没什么特别的,只是除了把孩子带走的一场大火。

　　妻子在烟火中醒来,她身着单薄的睡衣,她的周围是忙着救火的消防员,戴着厚厚的防护罩,她看不清他们的表情,她刚哄上床的孩子不在身边,一个母亲只能对滚着浓烟的家哭喊,撕心裂肺呼唤她的孩子,可回应她的,只有烈火吞噬房屋的声音。等第二天太阳升起来的时候,这个温暖小家的日子无法重复过去了。

在意外面前,面对巨大的伤痛时,你会有怎样的反应呢?哭泣是自然的,也是很容易被理解的,我们会给出我们的愤怒和伤痛,这种最原始的反应像是对漠然的神明的哭泣。妻子已经崩溃,只能向罪魁祸首不停发泄自己的怒火和绝望,他们分开了,丈夫离开了这个海边小镇。

丈夫在异乡成为一个颓废的公寓修理员,每天修水管、铲雪、倒垃圾。他粗鲁、冷漠,和小镇上热情友好的丈夫判若两人。他像放弃治疗等死的患者,期待生命终结的那一刻。

多年后,这对曾经的夫妻再次相遇。

妻子再婚,推着婴儿车走在洒满阳光的路上。里面的孩子充满活力,见谁都要笑一笑,丈夫上前去打招呼,恍若隔世。

他们经历了一样的伤痛,只是后来的人生方向南辕北辙。妻子选择了哭泣和治愈伤痛,丈夫依旧停留在过去,挑剔自己,给自己戴上失败的枷锁。当然,我们每个人都有权选择自己的生活,但是我不希望你像电影里的那个男人一样,走不出去,没有第二选择,做出一个不能选择的选择。

人生这么长,我们永远不知道还有多少意外在等着我们、多少挫折正跃跃欲试要折磨我们。已经发生的是过去，还没发生的是未来，希望发生的是憧憬。我们骨子里都带着强大，尽管很难，但是只要你肯走出伤痛，你就会一直走在未来憧憬的路上，只是时间长短而已。

像那个平静下埋葬着伤痛的小镇，妻子已经有了新的家庭，开始新的生活。

当事情办完，男主要离开小镇的时候，被问道："你为什么不肯留下来？"

"我受不了。"

他选择过去，放弃了未来，失去了憧憬，他无法面对这片土地，丈夫又要逃了。可人生那么长，你要被这个过去绊住多久呢？

坊间流传："时间是最好的良药，再难治的伤也总会好的，只是时间长短。"有的人喜欢把过不去的坎儿埋藏，好像这样就能忘记，好像这样就能好。可这是你生命经历过的事情，你怎么会忘记呢？你只不过是选择这种逃避的方式保护自己，你不肯把伤口的腐肉剔除，你不肯接受治疗。

像生活在曼彻斯特的妻子，当她提起自己失去的孩子时，即便会心痛，但也会笑着回忆他们咧开嘴微笑的时候，喊她"妈妈"时候的奶音。过去了就是过去了，你身处相对那时的未来，不要总为过去的事情挑剔自己，努力找出你能够负责的地方，在未来更好地照顾自己。毕竟谁也说不准，自己到底会经历多少次挫折，毕竟人生那么长，哪里总会一帆风顺？

所以啊，遇到伤痛的挫折，把眼泪哭出来、把愤怒发泄出来以后，再用尽全力去治愈伤痛。走过这道坎儿，无论时间多长，只要你肯，终究还是会走向未来的。

## 你真的喜欢朝九晚五的稳定工作吗？

上帝把懒惰的种子放进人类的身体，我们向安乐妥协，却又给了我们向惰性宣战的梦想，所以我们总是挣扎在安逸和追寻间。可就像心脏偏左一样，我们的天性总要偏向一点安稳，所以当我们还是学生的时候，就已经学会了成人审时度势的思维逻辑，我们填报最稳定热门职业的志愿，毕业后找份安稳的工作，这一生好像和冒险无关。

你的工作朝九晚五，还不错，但也没什么特别的。但是，每当刷微博时看到某些壮阔的风景、某些破釜沉舟的动作等新闻时，你也可能下意识会说"我也想这样做"，但下一秒你就会有各种理由将这个念头打消。再刷一页，看到其他人精彩的生活，你却只能想想，别说梦想了，就连每天的工作，可能都不是你喜欢做的。

我们的生命本就是没有剧本的生活，下一秒的悲喜，谁也不知道,更遑论你爱的"稳定工作"。就算你觉得自己为了工作已经牺牲太多,一把名为"裁员"的达摩克利斯之剑也会一直悬在头上,说不准哪天你就成为被裁的一员,丢掉工作,可能生活会突然变得可怕,你的安稳世界似乎岌岌可危,你辛苦积攒多年的生活方式似乎也会付诸东流,你会害怕和恐慌。

你如此依赖这样一份稳定的工作,难道就一直被它束缚吗?

乔布斯当年在众目睽睽下被自己创立的公司解雇,他觉得硅谷创业的火炬在他手上掉棒了。他向创业前辈——惠普的帕卡德、英特尔的诺伊斯等道歉,甚至一度想离开硅谷。但之后的一段时间证明,离开那个稳定的工作和环境,成功带来的重担没了,他关于生命的激情和创造的细胞又回来了,他得到了解放。

在接下来的五年,他开发了《玩具总动员》——世界上第一个计算机动画片,成为全世界最为成功的动画片工厂;爱上了劳伦妮,并和她组成了家庭;后来他新创办的公司被苹果收购,他又重回那个自己创立的王国。乔布斯后来也一直在感慨,如果没被苹果开掉的话,这一切也许都不会发生。

乔布斯在斯坦福大学演讲时说:"有些时候,生活会拿起一块砖头向你的脑袋猛拍一下。不要失去信仰。我很清楚唯一使我一直走下去的,就是我做的事情令我无比钟爱。你需要去找到你所爱的东西,对于工作是如此,对于你的爱人也是如此。你的工作将会占据生活中很大的一部分。你只有相信自己所做的是伟大的工作，你才能怡然自得。如果你现在还没有找到，那么继续找、不要停下来，只要全心全意地去找，在你找到的时候，你的心会告诉你的。就像任何真诚的关系，随着岁月的流逝只会越来越紧密。所以继续找，直到你找到它，不要停下来！"

我们赤裸裸地生来死去，我们的生命已经被定好了就那么几万天，而我们从毕业那天起，就会一直在工作身边打转；我们生命有太多的注定，所以我们可做的选择少得可怜，而选择做什么，是我们为数不多可以掌握的事情。

如果你把每一天都当作生命的最后一天去生活，如果每一天你都对着镜子问自己，你会浪费这最后一天去完成你今天想做的事情吗？如果你一直在否定的话，请跳出来摆脱让你现在感到沮丧的局面。

不要害怕所谓的事业失败，因为根本就没有失败这回事，只有经历生活和学习，安稳不是你选择工作的重点。把你喜欢的放到选择工作的重点里去吧，享受那份工作所带给你的所有学习和经历的快乐，你当然不可能在学习和经历中失败。也许你的梦想很大，也许工作一段时间后你还是离你的梦想很远，但你永远不会失败，你也永远不要怕"裁员"，因为你是在为自己的梦想工作，你总能不同程度地取得成功。

到底是要不情愿地安稳工作到老，还是听从心底的声音，哪怕生活真的不允许你执着于梦想的任性，但也请记住：安稳，真的不是工作的重点。一份工作的好坏于你自己而言,哪怕有一点点的喜欢,也值得选择的偏向了。毕竟,我们自由太少,坦率不易,就听从内心吧,至少努力过,至老不悔。

## 内心丰富,才能摆脱生活的重复

你是不是也偶尔有这样的幻觉:这件事情不久前我好像做过,今天又做了一遍;街边的蛋糕店总在做同一种点心,你晚上下班路过只买一种,味道千年不变;你总怀念7岁时候的天空,那时候的云都揣着乐趣飘在空中,不停变换形状和你游戏,可现在你抬头,可能只看到太阳很晒或乌云很厚。

丰富的心灵,可能就是能看到露珠的晶莹、体会春风的清香、嗅到枫叶上的富足、听到落雪的足音;丰富的心灵,可能就是有去尝试新鲜的好奇、坦率微笑的嘴角、接受善意的心灵、发现绿意的眼睛;丰富的心灵,可能就是小时候的你,有简单的爱好、不挑简朴的生活、心里有宫殿和乐园。小时候的内心,充满丰富的想象力,那些是生活乐趣的源泉。

时间的车辙只有向前的一道,后来你长大了,你肩上担起了各种责任,生活越来越严肃,关于生命的意义,除了水电房租,你不再有任何期待,生存以上、生活以下的年复一年,日复一日,日升日落和月圆月缺,难道长大就是抛开乐趣地活着吗?

波乔恩·林奇,一个 90 多岁还在练瑜伽的女人,她在多个国家居住过,最终定居在美国。直到 50 岁她才在美国一家健身房获得一份有偿的瑜伽教练工作。她热爱瑜伽,也喜爱跳舞,但她在 84 岁的时候接受了髋关节置换手术,医生说手术会影响她的身体稳定性。我想,如果换作其他什么人,在手术后接下来的人生大概是缓慢而惬意的刻板老年生活,但谁让波乔恩·林奇喜欢跳舞呢?她开始跳华尔兹、吉特巴、桑巴舞、恰恰,她满眼都是笑地说跳探戈的感觉像是在畅饮香槟。

她说:"音乐、舞蹈和瑜伽都来自你的内心……我称它(瑜伽)为人生之舞,因为我一直在舞动。"她的内心世界丰富多彩,所以她每天都过得很充实新鲜,90 多岁的身体,却活出了年轻姑娘的活力。

我们喜欢把丰富精彩的人生和新鲜画等号,但很多人都认为不重复的生活,就是不安定带来的新鲜感。我有很多朋友工作一段时间后就会提出辞职,诚然会有很多因素,但不可否认,长时间待在同样的工作环境,身边总是那些熟悉的同事,已经熟练上手的工作再也带不来新意,枯燥地重复着昨天的章程。关于无趣,你是不是也需要新环境的刺激?关于失去乐趣,你会不会偶尔也觉得失落?重复生活的诅咒,真的就这么容易被破解吗?工作可以换，那生活呢？人生呢？

你知道的，那些是无法更换的。乐趣就是让自己在任何时间、任何情况下都能开放地去享受当下的所有东西。当彩色的颜料开始填满胸腔的时候，当你开始做一个派对动物、开始享受生命的时候，生活可能每天都会开出一朵太阳花来。不想过每天都一样的日子，就努力丰富自己，去创造乐趣吧。

每天拍几张照片；看快乐的电影；在周末的清晨做白日梦；给朋友寄卡片；在水边散步；偶尔吃一顿大餐；每星期坚持做一次锻炼；一边开车，一边大声歌唱；一边喝咖啡，一边读小说；一边打电话，一边信手涂鸦；一边洗澡，一边唱歌；工作时，在桌上放一盆花；做饭时，播放你最喜欢的音乐，这些都能让你获得快乐，也能让你的内心更加丰富。

把乐趣纳入你所做的每一件事中，让它成为一种习惯，也许你会感到惊讶：原来生活不是日复一日的无聊，而是每天都有更新鲜的美好。

## 自信,是提升自己的捷径

如果你即将面临比较大的挑战,我想你总有一些给自己鼓劲的小动作吧。

对着镜子里自己的眼睛说:"我能!"攥紧拳头,就好像把未来握在手心;保持微笑,给自己鼓劲。也许你还没有发现,这些都是你建立自信的小方法。

在美国专门研究智力的人,做了一个试验,他们在学校10000名学生里面抽出20名学生并宣布他们是天才,那20位学生很激动、很兴奋:"哇,我们是天才!"

20年后,这些人都长大了,他们有的成为顶尖的企业家,有的在他们的职业生涯中成为最优秀的职业人士,有的人成为行业专家。他们都在自己熟知的某个领域,表现出超出一般人的业绩。但是我们都知道他们并没有被证实是天才,可他们相信自己是天才,所以最后,他们就是天才了。

你努力的样子
真好看

虽然说我们这个时代信仰失落,但我们依旧不能否认信念的力量。我们窥探多少所谓的奇迹,归根结底,还是在于自己。面对困难,是放弃还是鼓起战斗的勇气?有人说人格的核心是自信,自信是我们跨越困难的发动机,人生就是一场考验附加一道险关,每跨越一次,就褪掉一层旧色,成长一点。

索拉利奥还在街头流浪的时候,每天早上起床的第一件事,就是大声地对自己说:"你一定能成为一个像安东尼奥那样伟大的画家。"说了这句话后,他就感到自己真的有了这样的能力和智慧,他就满怀激情和信心地投入到一天的工作和学习之中。十年后,他真的成了一个超过安东尼奥的著名画家。

古希腊著名演说家德摩斯梯尼,原先患有口吃病,演说时常被人喝倒彩。但他始终对自己信心百倍,为了克服疾病,每天清晨口含小石子,呼喊练习,最终成为口若悬河、辩驳纵横的演说家。

相信自己,去做自己内心呼声最大的事,在这里没有失败,只有你不敢。只要不服输、坚持挑战这些你怕的事情,就是在不断增强自己的自信,提升自己。

我们总想变得更优秀,所以我们学习外语、努力锻炼、读很多书……可是,你从不张嘴说那些辛苦背会的单词、你从来只穿宽大的衣衫、你也从来不参与讨论,你只是默默憋着告诉自己:"我提升自己不需要别人知道。"嗯,他们的确不需要知道,可你也依旧是缩在壳里的小孩,不把自信当回事儿。不相信奇迹、不相信自己，总没有阳光照进心房，嘴角也总挂着秤锤，你最害怕的事情你依旧没有挑战，这样的你，真的变优秀了吗？

也许你该学会微笑，大部分人都知道笑能给人自信，它是医治信心不足的良药。不要在你没有尝试的时候，就否认这个观点。也许你对一个人展颜一笑，对方就会对你产生好感，这种善意足以使你放松并充满自信。正如一首诗所说："微笑是疲倦者的休息，沮丧者的白天，悲伤者的阳光，大自然的最佳营养。"

自信这种奇妙的情绪，可能是上帝给我们的勇士之剑，我们扛着它，斩断恐惧走到一片新的高地，站在那里的你，是新的自己。当然，每个人都会害怕，但更优秀的人从不会让恐惧阻碍他们。所以，请珍惜自己、爱护自己，把自己从恐惧中解救出来，为自己的人生做更积极的选择。

自信也是个放大镜，它放大了你的优点和才能，在解决困难的过程中，让你看清自己，更清楚地了解自己，甚至对未来的方向有所规划。

4岁时，Winnie Harlow不幸患了非常难治的白癜风，这使她的成长过程比同龄人更加艰难，常常被同龄人讥讽、嘲笑，甚至有人称她为"斑马""奶牛"。虽然过去的那些苦难让她难过，但现在站在T台上的她，自信且强大。如果她没有足够的自信，将自己的独特展示在众人眼前，很可能她就不会实现梦想。

Viktoria在20岁那年失去了左小腿，当时，她的职业是模特。

身体残缺后,她并没有放弃自己的事业,而是更加坚定地走在T台上。她的造型元素从此多了假肢,她那足够强大的自信帮助她长出了一条完整的左腿,她最相信的还是自己,我们在杂志上看到的是一个完整、美丽的女人。

都说人生没有捷径,然而关于提升自己变好这回事,你真的只需要变得更自信。

## 有能力爱自己，有余力爱别人

无人问我粥可温的日子，过着过着，偶尔会有点无聊，好像是一个在城市大楼里播放的"大漠孤烟直"，立在人群中的寂寞。我们大都过着不甚满意却又没那么糟糕的日子，得过且过。

但是身边总有一些被称作"女神"的朋友，过着我想过却过不起的日子。

夜色再深沉，她们也会保持身材。比起普通的姑娘，女神更喜欢用一杯牛奶、酸奶、蜂蜜水或者半个苹果做一天的 ending，她们拒绝食欲为王的日子，坚持自己的方向。周末她们大都会选择运动，或者起床出门逛街，就算什么都不买，也要好好打扮自己——化妆、敷脸、弄头发。好好利用难得的空闲，享受生活，而不是躺在床上做所谓的休息。她对自己很好，所以她懂得如何对别人好。她相信世间的美好，所以她都是正常思考。她认真生活，所以有相对引人注目的外表。我们会羡慕这样的人，因为我们也希望有个人能对自己这样好，也希望自己能像这样暖心地去爱一个人。

奥修曾说："当你不拥有礼物时，你又怎么能给予呢？"如果你的心里没有爱，又如何能给别人呢？如果你不会爱自己，又怎么会去爱别人呢？

现在流行各种暖，在我看来，暖必然要有一个前提，那就是爱自己。只有会爱自己的人，才有余力爱别人、关心别人。人人都想幸福，都想得到爱，但是幸福不是别人给予的，幸福是自己创造出来的，是当你内心有足够的爱的能力，外在的世界只是你内心投射和创造的结果。所以你爱自己，也就会更温柔和宽容地接纳别人。

现在、说到可爱、阳光的女星，我的第一反应是陈意涵。

她身上几乎没有什么很标志性的东西，她的鸡汤写得不多，运动也不只限于健身房、滑水、滑雪、马拉松、攀岩，她出现在公众面前总是积极、阳光的，从她的生活方式我们能看出，她是一个知道怎么爱自己的人。

看过她参与的一期旅游综艺节目，里面请了很多明星，其中有一期大家的情绪都不是很好，气氛很奇怪。行程结束后，这个节目都会安排一个提问的环节，这个队伍的气氛的问题就被提到了。她坐在椅子上，眼睛很大，时不时弯起来，看起来就是个小女生，但讲出来的话很暖。

她说队伍里都是明星，平时走到哪里都是有很多人围着，大家各自的性格也都很鲜明，这样的人聚在一起，大家都想做自己，谁也不知道该听谁的，所以气氛会有点奇怪吧。

当队伍中一个人很晚都没有回家时，虽说人不会丢，但是她会觉得天黑了，小男生迷了路，大家如果不找，他会有种被抛弃的感觉。

她说的这些话，让人觉得她整个人像一个小太阳。视频里，那天下午，他们到了全是白色鹅卵石的沙滩，陈意涵站在沙滩上，面对大海，享受阳光，她说："既然出来旅行了，还在意那么多干什么呢？夕阳这么美，为什么不停下来看一看？"

会爱自己的人，不会辜负阳光、不会辜负美景，更不会辜负自己和身边的人。

我见过两种人，其中一种飞蛾扑火，把所有的金钱和时间省下来，倾注给爱人，可人类的天性注定这种单方面付出不会持续很久；还有一种人，总在索取爱人的关心，企图在别人身上找补自己缺失的东西，可这毕竟是自己的人生，你缺乏的，怎么能靠别人补呢？第一种是不爱自己，第二种是不会爱。

像《家》里边的老大觉新，我们这辈子，不只为了自己而活，还有家人和爱人。因他是长房长孙，所以他放弃了学业，又因继母周氏与梅芬的母亲闹了矛盾致使他与梅芬没有成为眷属，后又听父母的话娶了通情达理的李家二小姐李瑞珏，觉新拥有了一个幸福的婚姻。后来还生了一个孩子,名叫海臣。

婚姻不幸的梅芬回到成都与觉新再次相见,互诉相思之情。但李瑞珏并没有排斥梅芬,还与梅芬成为好姐妹。梅芬看到觉新与李瑞珏的幸福不禁想起自己悲伤的过去,最后病死在家中,这令觉新痛苦不已。而在李瑞珏第二胎渐渐要临产的时候,高老太爷病故。高家长辈逼李瑞珏搬到野外生产,觉新没有反抗。最终李瑞珏因难产而死,觉新也没敢去看她最后一面。

李瑞珏爱自己,所以她有能力爱觉新,她能包容梅芬。但是觉新不会爱,所以哪个人他都辜负。我不希望你做第一种人,也不希望你做第二种人,我希望你能对自己好,学会自己爱自己,然后再去爱别人。

所以,请好好爱你自己,再让自己有余力去爱别人。不被辜负,亦不被伤害。

## 后记

  在写这本书的日子里,我常常在夜晚散步。是初春的夜晚,我走过菜市场、幼儿园、小公园,再走过一个十字路口,最亮的那处便是 24 小时便利店了。天一点一点长起来,我出门的时间也一天比一天晚,然而十字路口的人们并没有随着时间的延后而减少——每一天,无论是工作日,还是周末,这个城市从来不缺疲惫的夜归人。

说是夜晚，其实并不昏暗。在路灯的照射下，我可以清楚地看到每一张面容。人们看起来长了一张相同的脸，脸上写满了麻木、不安、焦虑与迷茫。姑娘们脸上的妆花了，黑色的眼线氤氲成"熊猫眼"，嘴唇也显现出原本的颜色，嘴角有些干燥，起了皮。这使得她们身上光鲜亮丽的衣衫略显尴尬——原本，那搭配得宜的衣衫当是与精致的妆容相得益彰的。

她们匆匆与我擦肩而过的时候，我会根据她们身上的香水味，想象她们白日里在阳光下的样子。亚麻色短发的姑娘身上有淡淡的橘子香，她可能刚刚结束一天的工作，加了一会儿班，听树子的歌，双手不断敲击键盘，敲下绞尽脑汁想出来的文案，想不出好的策划方案时，她会生气地咬一口橘子；黑色长发的姑娘身上有浓郁的玫瑰香，她可能刚与恋人分开。他们刚刚在一起，恋情还没有稳定到同居的程度，她不确定他是否会爱她清晨的素颜与夜晚的疲态，也不确定他们的积蓄够不够在这个城市安一个家。

每个姑娘都有自己的故事，每个故事里都有一个欲求不满的女主角与一段相似的曲折。每个个体都用自己的方式对这个时代发出质询，我已如此努力，为什么仍然举步维艰？

是啊，我们都已如此努力，怎么还会举步维艰？问题，究竟出在哪里？为了解答这个问题，无数情感博主和励志博主在网络上发声，作家们也纷纷拿起笔，声色俱厉，口诛笔伐，说女性应该努力谋生,说女性要有分辨渣男的能力,进而提倡女性独立。

我们看了太多故事,被一些句子击中心脏,在那个瞬间,我们仿佛明白了许多人生与感情的道理,掌握了让自己变得更好的契机,但生活却没有发生明显变好的迹象。

别说生活的套路太深,也别说鸡汤已经泛滥到庸俗,归根结底,我们自己的问题,只有我们自己能够解决。鸡汤,是讲故事的鸡汤,也是给予我们能量的鸡汤,它能够让我们一往无前、坚强勇敢、美丽天真如青春少女。但鸡汤的存在,并不是为了让我们把它同我们的生活混在一起的。若你陶醉于道理,就只能被道理蛊惑。

只有在你自己的生活中,你才能看清这个世界与身处这个世界的你。归根结底,你才是你自己的刻画者,你所经历的一切,都是你自己的选择。

生而为人,你有美好的愿望,也有隐秘的欲望,想过想要的生活,也想要理想的爱情,这是你,也是我,以及这个世界每一个女性对未来的憧憬,这憧憬让我们在这个广阔的世界中有了一点关联,使我们的生活有相似的喜怒哀乐。

因着这一点点的关联,也因我们同为女性,我希望我们都能达成所愿,因而有了这本书。如果这本书能带给你些许能量,在某一个夜晚,让夜归的你不再那么疲惫,于我而言,便是足矣。

与此同时，请你记得，一个人无论有多努力拼搏，终归无法摆脱自己的往昔。

请深爱自己，过去那个糟糕的自己，此刻努力拼搏的自己，与未来幸福的自己。